(Extrait du *Journal d'Histoire naturelle de Bordeaux et du Sud-Ouest.*)

LEÇONS

D'UN INSTITUTEUR

A SES ÉLÈVES

SUR LES INSECTES ET LEURS ENNEMIS

LEÇONS

D'UN

INSTITUTEUR

A SES ÉLÈVES

SUR LES INSECTES ET LEURS ENNEMIS

PAR

E. MAURY

Directeur de l'École de Saint-Astier (Dordogne)

AVEC UNE PRÉFACE

De M. le Dr J.-A. GUILLAUD

PROFESSEUR A LA FACULTÉ DE MÉDECINE ET DE PHARMACIE
DE BORDEAUX.

Première partie : COLÉOPTÈRES

BORDEAUX

IMPRIMERIE G. GOUNOUILHOU
11, — rue Guiraude, — 11

1885

PRÉFACE

Jeunes lecteurs qui allez avoir ce petit livre entre les mains, vous entendrez dire, par les uns, que les sciences naturelles constituent une occupation aussi agréable qu'utile; par les autres, que ce sont des sciences aussi arides que vaines. Pour ouvrir l'esprit et former le cœur des enfants, prétendent les partisans des méthodes actuelles d'enseignement, il n'y a rien de mieux que de leur apprendre, dans les écoles, à connaître les êtres vivants, végétaux ou animaux, qui nous entourent. Pourquoi, répondent les adversaires, se surcharger la mémoire de noms bizarres et dépenser son temps à des curiosités? L'histoire naturelle est surtout une science de mots, digne tout au plus d'occuper les oisifs.

Des appréciations si contraires proviennent évidemment de ce que chacun se place à un point de vue différent et apprécie les choses à sa façon. Chaque fois qu'il s'agit de passer en revue un grand nombre de faits sans lien bien apparent entre eux. de mettre en ordre une foule d'objets inconnus et souvent sans nom, on est d'abord frappé de la confusion qui existe. Si l'on s'en tenait à cette première impression, aucune étude ne paraîtrait profitable, et il faut un certain temps et une attention un peu soutenue pour commencer à saisir quelque chose dans ce chaos apparent. L'histoire naturelle ressemble sous ce rapport à son homonyme, l'histoire humaine. Que celle-ci vous soit présentée comme un assemblage disparate de personnages royaux, de dates, de noms de lieux et de peuples, de batailles, etc., et elle n'a plus d'intérêt que pour ceux qui sont doués d'une heureuse mémoire. Mais que des hommes comme Thiers, Henri Martin ou Michelet nous racontent l'histoire à leur manière et sachent lui donner l'action qui lui convient, nous sommes ravis d'apprendre ce qu'ont fait et pensé nos ancêtres. De même, si l'histoire naturelle devait consister dans une pure description des êtres, dans leur simple catalogue ou inventaire, comme le voulait Cuvier, elle serait sans grande valeur intellectuelle. Heureusement qu'elle a eu, elle aussi, ses hommes de génie, tels que Buffon, Lamarck, Darwin, Heckel, qui ont su la transformer et lui procurer le mouvement et la vie. C'est ce que vous comprendrez un jour, lorsque vous serez plus avancés et que vous pourrez lire ces grands maîtres.

En attendant, vous voici, sous forme de courtes leçons, une histoire naturelle des insectes bien propre à vous initier à ce genre d'études et à vous le faire aimer. M. Maury, instituteur à Saint-Astier (Dordogne), a su présenter, dans un langage simple

et familier qui convient aux débutants, une série
de tableaux pittoresques, qui sont comme autant
d'épisodes de la guerre acharnée qu'une classe
d'animaux, les oiseaux, fait d'un bout de la terre à
l'autre à une seconde catégorie d'êtres vivants, les
insectes. Au lieu de se borner à les décrire et à les
classer successivement les uns et les autres, il a
préféré avec raison les mettre en scène et vous montrer la lutte pour la vie telle qu'elle existe dans la
nature, sans chercher à l'atténuer à vos yeux.

Les oiseaux sont en général d'assez gros animaux,
admirablement adaptés pour vivre dans le milieu
aérien. La forme ramassée de leur corps, leur tête
et leurs pattes grêles, leurs ailes puissantes qui leur
permettent de se mouvoir avec rapidité, d'autres
dispositions intérieures encore, tout cela réuni les a
rendus les maîtres du domaine de l'air. Ils rencontrent fréquemment dans leurs voyages d'autres êtres
plus petits qu'eux, les insectes, qui sont moins bien
partagés sous tous les rapports et notamment sous
celui des ailes. Ils en font leur proie ordinaire,
parce que les insectes sont l'aliment qui est le plus
à leur portée. Les oiseaux doivent-ils être taxés de
férocité pour donner ainsi la chasse aux insectes?
Non certainement, pas plus que nos chasseurs qui
les tuent à leur tour. C'est une loi de la nature, que
les êtres s'entre-détruisent. Il résulte même de cette
lutte de tous les jours un immense avantage pour
les espèces; elles se perfectionnent, ainsi que vous
l'apprendrez plus tard.

Seule, l'humanité a su soustraire par la raison ses diverses races et ses diverses nations à cette loi fatale d'une guerre ouverte et permanente. Honneur aux sages et aux penseurs qui ont imposé la paix au monde et réduit les luttes destructives à des épisodes de plus en plus isolés ! L'étude de ce qui se passe parmi les êtres qui vivent à nos côtés est bien propre à nous faire apprécier un pareil bienfait.

Telle est la première leçon de haute morale civique qui se dégage des faits mis sous vos yeux par M. Maury. Il en est une seconde non moins importante. Si la lutte n'a plus lieu que rarement entre nous pour notre conservation personnelle, elle n'en existe pas moins très vive pour l'acquisition des avantages ordinaires de la vie. Ce sont ceux d'entre vous qui apprendront le mieux ce qu'on vous enseigne à l'école, ceux qui travailleront le mieux, qui seront plus tard les mieux partagés. Réduite aux proportions d'une juste rivalité, la lutte pour l'existence qui embrasse tout ce qui vit sous le soleil, demeure le facteur le plus puissant du progrès des connaissances humaines. Que l'émulation soit forte parmi vous : elle est aussi naturelle que profitable.

Dr J. A. GUILLAUD,

Professeur à la Faculté de médecine et de pharmacie de Bordeaux.

LEÇONS

D'UN

INSTITUTEUR DE CAMPAGNE

A SES ÉLÈVES

SUR LES INSECTES DU SUD-OUEST ET LEURS ENNEMIS

PREMIÈRE PARTIE

LES COLÉOPTÈRES

Première Leçon.

INTRODUCTION, CLASSIFICATION.

Nous allons, mes chers enfants, étudier ensemble, ainsi que je vous l'ai promis l'année dernière, les insectes de notre pays et leurs ennemis, autrement dit, les oiseaux. Vous savez bien ce que c'est qu'un insecte, ce que c'est qu'un oiseau; mais vous ignorez les noms de ces insectes que vous rencontrez à chaque instant du jour, de même que vous ignorez leurs mœurs et les nombreux dégâts qu'ils causent à notre agriculture, à nos vergers, à nos forêts. Et si vous connaissez les noms des oiseaux que vous voyez sans cesse voler autour de vous, vous ignorez également les services qu'ils rendent à l'agriculture, malgré leur vie tout aérienne. Ces leçons ne manqueront pas d'attrait pour vous; aussi je suis convaincu, à l'avance, que vous y prêterez toute votre attention.

Voici, d'après l'histoire naturelle, le classement des Coléoptères, qui feront spécialement l'objet de cette première partie. Ils se divisent en *familles*, et les familles en *groupes* ou en *tribus*.

Famille des **Cicindélides**.

Famille des **Carabides** :

    1° Tribu des *Elaphriens*,
    2° Tribu des *Carabiens*,
    3° Tribu des *Brachiniens*,
    4° Tribu des *Scaritiens*,
    5° Tribu des *Chlœniens*,
    6° Tribu des *Féroniens*,
    7° Tribu des *Harpaliens*,
    8° Tribu des *Bembidiens*.

Famille des **Dytiscides** ou **Hydrocanthares**.

Famille des **Gyrinides** ou **Tourniquets**.

Famille des **Hydrophilides** ou **Palpicornes** :

    1° Tribu des *Hydrophiliens*,
    2° Tribu des *Hélophoriens*,
    3° Tribu des *Sphœridiens*.

Famille des **Staphilinides** ou **Brachilytres**.

Famille des **Silphoïdes** ou **Boucliers**.

Famille des **Histérides**.

Famille des **Nitidulides**.

Famille des **Cryptophagides**.

Famille des **Dermestides**.

Famille des **Lamellicornes**.

Premier groupe, les **Lucanides**.

Deuxième groupe, les **Scarabéïdes** :

    1° Tribu des *Copridiens*,
    2° Tribu des *Aphodiens*,

3° Tribu des *Trogidiens*,
4° Tribu des *Géotrupiens*,
5° Tribu des *Oryctiens*,
6° Tribu des *Mélolonthiens*,
7° Tribu des *Cétoniens*.

Famille des **Buprestides**.
Famille des **Élatérides** :

1° Tribu des *Laconiens*,
2° Tribu des *Corymbitiens*,
3° Tribu des *Élatériens*.

Famille des **Téléphorides** ou **Malacodermes**.
Famille des **Clérides** ou **Térédiles**.
Famille des **Ptinides**.
Famille des **Anobiides**.
Famille des **Ténébrionides** ou **Hétéromères** :

1° Tribu des *Ténébrioniens*,
2° Tribu des *Cistéliens*,
3° Tribu des *Mélandryens*,
4° Tribu des *Mordelliens*,
5° Tribu des *Lagriens*,
6° Tribu des *Pyrochroidiens*,
7° Tribu des *Anthiciens*,
8° Tribu des *Cantharidiens*,
9° Tribu des *Œdémériens*.

Famille des **Curculionides** ou **Rhynchophores** :

1re DIVISION.

1° Tribu des *Bruchiens*,
2° Tribu des *Anthribiens*,
3° Tribu des *Attelabiens*,
4° Tribu des *Apioniens*.

2e DIVISION.

1° Tribu des *Brachycériens*,
2° Tribu des *Brachydériens*,
3° Tribu des *Cléoniens*,
4° Tribu des *Otiorhynchiens*,

5° Tribu des *Erirhiniens*,
6° Tribu des *Cryptorynchiens*,
7° Tribu des *Cioniens*,
8° Tribu des *Calandriens*.

Famille des **Longicornes** ou **Cérambycides** :

1° Tribu des *Prioniens*,
2° Tribu des *Cérambyciens*,
3° Tribu des *Lamiens*,
4° Tribu des *Lepturiens*.

Famille des **Chrysomélides** :

1° Tribu des *Donaciens*,
2° Tribu des *Criocériens*,
3° Tribu des *Clythriens*,
4° Tribu des *Cryptocéphaliens*,
5° Tribu des *Eumolpiens*,
6° Tribu des *Galéruciens*,
7° Tribu des *Chrysoméliens*,
8° Tribu des *Alticides*,
9° Tribu des *Hispiens*,
10° Tribu des *Cassidiens*.

Famille des **Endomychides**.
Famille des **Coccinellides**.

Pour satisfaire votre caprice ou votre impatience à connaître tel insecte plus tôt que tout autre, nous nous écarterons souvent de la voie que nous a tracée la science. Il pourrait même se faire que telle famille ou telle tribu, inconnue dans nos pays, n'entrât pas dans les leçons qui vont suivre, car, ainsi que je l'ai déjà dit, nous ne nous occuperons que des insectes qui habitent nos pays. Et pour terminer chaque leçon, nous étudierons le principal oiseau qui chasse le mieux les insectes qui auront fait le sujet de notre leçon.

Le tableau que je vous ai donné nous a pris beaucoup de temps, car je m'aperçois que l'heure de la sortie avance ; je remettrai donc à une deuxième leçon l'étude des Lucanes, qui se terminera par l'étude de leur plus grand ennemi, la Pie-grièche.

Deuxième Leçon.

LES LUCANIDES ET LA PIE-GRIÈCHE.

I. *Les Lucanes*. — Les Lucanes appartiennent à la famille des Lamellicornes, l'une des plus nombreuses et des plus intéressantes de l'ordre des Coléoptères, et qui renferme aussi les plus grandes espèces d'insectes de nos pays.

Les larves de cette famille sont de gros vers blancs, au corps épais, cylindrique, à la tête écailleuse munie d'antennes courtes et de fortes mandibules. Ces larves vivent cachées, soit dans l'intérieur, soit aux pieds des plantes, qu'elles rongent. Elles n'ont pas d'yeux ; aussi fuient-elles la lumière.

La tribu des Lucanes est peu nombreuse ; mais elle renferme des insectes très remarquables par le grand développement que prennent les mandibules chez les mâles.

Le principal insecte de cette tribu est le Lucane ou Cerf-Volant, ainsi nommé sans doute à cause de ses énormes mandibules, qui atteignent parfois 2 centimètres de long. La taille de cet insecte arrive souvent à 60 millimètres et n'est jamais au-dessous de 35 millimètres.

La femelle n'est jamais aussi forte que le mâle et ses mandibules n'ont qu'une longueur ordinaire. On lui donne le nom de *biche*. Pendant le jour ces insectes se cachent dans les trous des arbres, principalement du chêne, et n'en sortent qu'à la nuit, c'est-à-dire après le coucher du soleil. À ce moment, on les voit voler lourdement, ayant une position verticale, pour ne pas être culbutés par le poids de leurs énormes mandibules.

La femelle pond ses œufs dans les vieux chênes, le hêtre, l'érable, le bouleau, l'aune, le tremble, quelquefois même dans le pin.

La larve y demeure pendant quatre ou cinq années, rongeant le bois dans tous les sens, et y creusant des galeries de la grosseur du doigt, car à la fin de sa carrière elle acquiert cette dimension. Pour se transformer en nymphe, la larve se fait une coque avec des parcelles de bois qu'elle agglutine, et l'adulte en sort peu de temps après.

Il y a un autre petit Cerf-Volant qui n'a pas plus de 20 à 25 millimètres de long, et qu'on appelle le Lucane parallélipipède *(Dorcus parallelipipedus)*. Les mandibules sont un peu plus développées chez les mâles que chez les femelles. Les mœurs sont les mêmes que celles des précédents.

C'est au mois de mai que les Lucanes font leur apparition, et pendant tout l'été ils continuent à ronger les feuilles des arbres que j'ai cités plus haut.

Nous avons encore dans cette tribu :

1° Le Platycère coraboïde, dont la longueur varie de 12 à 25 millimètres. Il est d'une couleur bleu d'acier; on le trouve dans les bois au printemps et en été;

2° Le Céruque ténébrioïde, de 20 à 25 millimètres, d'un noir brillant, antennes et pattes brunes. Les mandibules du mâle, plus longues que celles de la femelle, dépassent la longueur de la tête. On les trouve sur les pins.

Tous ces insectes que vous avez vus dans ma collection, peuvent être appelés à juste titre les ravageurs des forêts. Et si le Créateur n'avait donné à l'homme aucun remède pour le préserver de ces terribles destructeurs, nos forêts en seraient totalement envahies. Nous avons heureusement plusieurs oiseaux qui leur font une guerre acharnée, entre autres la Pie-grièche, dont je vais vous faire connaître la vie et les mœurs.

II. *La Pie-grièche.* — Il y a cinq sortes de Pies-grièches; mais celle que nous connaissons le mieux est la grande Pie-grièche; aussi nous ne nous occuperons que de celle-là.

C'est un vaillant et intelligent oiseau que l'on peut aisément apprivoiser. Il est de la taille du merle; son plumage est blanc et noir, à nuances ternes. Son vol est saccadé, et décrit des courbes élégantes, que l'on peut comparer aux cordages en fil de fer qui supportent les ponts suspendus. Les pieds sont armés de petites serres, et son bec, fort et large à sa base, se termine par un crochet pointu. Il s'en sert pour emporter sa victime. Il a la vue très perçante, et c'est de la cime des plus hauts arbres qu'il cherche à découvrir sa proie.

Le nid de cet oiseau est bâti avec beaucoup d'art, et est très bien dissimulé à l'enfourchure des hautes branches d'un chêne, d'un noyer, etc. L'extérieur est fait de petites racines et d'herbes sèches, et l'intérieur est garni d'une bonne couche de laine. La femelle pond quatre œufs au moins, et pendant l'incubation le mâle nourrit la femelle. Les parents sont pleins de tendresse pour leurs petits et ne les abandonnent qu'au commencement de l'hiver.

Jadis la Pie-grièche était dressée pour attraper le Faucon, l'Épervier et autres Rapaces. Cette chasse se faisait au moyen d'un filet. Tous les grands avaient leur Pie-grièche, et l'on dit que François Ier en avait une qui s'en allait et revenait à sa voix se percher sur sa main. Vous devez vous rappeler que Albert de Luynes dut sa grande fortune à son habileté à dresser les Pies-grièches à prendre les moineaux. Le roi Louis XIII, qui considérait la fauconnerie comme le plus glorieux des arts, fit d'abord l'enfant connétable, et pour l'aider à supporter les embarras de cette charge, il donna au favori les millions de l'ancien. Mais mettons de côté l'histoire et revenons à notre oiseau, pour vous faire connaître les services qu'il nous rend

Depuis le lever du soleil jusqu'à son coucher, la Pie-grièche chasse continuellement les gros insectes revêtus de ces dures carapaces qui résistent au bec des autres oiseaux. Les Lucanes surtout sont ses préférés; et lorsqu'elle en est bien repue, elle chasse encore, mais ne pouvant plus manger, elle passe son temps à les piquer au bout des longues épines des acacias ou des buissons qui se trouvent dans les environs.

Il lui arrive fréquemment de laisser ainsi, comme amorce, ces collections pendant des semaines.

Toutefois, lorsque les insectes manquent, il faut bien que notre oiseau mange quelque chose. Alors, pour ne pas mourir de faim, il fait la chasse aux petits oiseaux. Mais il faut bien pardonner quelques petits écarts! Quel est celui d'entre vous qui n'a pas quelques petites fautes à se faire pardonner? La Pie-grièche est ainsi, et pour quelques petits oiseaux qu'elle surprendra pendant la famine, nous ne devons pas oublier les services qu'elle nous rend. Classons-la donc au nombre des auxiliaires de l'homme, et donnons-lui toute notre protection.

Troisième Leçon.

LE HANNETON ET LA BERGERONNETTE.

I. *Le Hanneton.* — Voilà un insecte que malheureusement tout le monde connaît; aussi je ne prends pas la peine de vous le décrire. Mais si vous le connaissez à l'état d'insecte parfait, vous ignorez sa vie et ses mœurs, quand il est à l'état de larve. C'est donc sous cette forme que nous allons l'étudier. Le hanneton paraît au mois d'avril ou de mai, suivant la température. Dans le jour, il se tient caché sous les feuilles d'un arbre; le soir, au crépuscule, il s'éveille, ronge la feuille qui l'a caché dans le jour. Une fois bien repu, le mâle se met à la recherche d'une femelle; après quoi il meurt. Alors commence pour la femelle un travail très curieux, par lequel elle s'efforce d'assurer la conservation de sa progéniture. Elle cherche un terrain bien travaillé et sec, exposé aux rayons du soleil: puis elle se met en devoir de creuser un trou de un à deux décimètres de profondeur; elle dépose au fond vingt à trente œufs d'un blanc sale, et gros comme un grain de chènevis. Mais pour ne pas exposer au même danger toute sa progéniture, elle a soin de creuser encore un ou deux trous à côté du premier, et d'y déposer le même nombre d'œufs. Ce travail terminé, elle meurt deux ou trois jours après.

Au bout d'un mois environ, il sort de chaque œuf une petite larve d'un blanc jaunâtre, recourbée en arc, molle et grosse, à tête cornée et pattes grêles. Les larves ne tardent pas à atteindre de deux à cinq centimètres de long et forment alors ce que l'on appelle des *Mans,* ou vers blancs, si redoutés des agriculteurs et surtout des jardiniers.

La première année, ces larves commettent peu de dégâts; en hiver elles s'enfoncent profondément dans la terre et échappent ainsi aux

inondations et aux froids les plus rigoureux.
Lorsqu'elles sentent que le mauvais temps est
passé, elles remontent jusqu'aux racines des
végétaux, et se creusant une galerie chacune
de leur côté, elles continuent leurs dévastations
pendant toute l'année. Elles muent une fois
chaque année, vers le mois de juin, et leur vie
souterraine est de trois à quatre ans, suivant
que la température a été plus ou moins favorable. Voilà pourquoi le hanneton ne se montre
pas en quantité prodigieuse tous les ans.

Au moment où l'insecte sent le besoin d'effec-
tuer sa dernière métamorphose, il se creuse
une galerie verticale aussi profonde que ses
forces le lui permettent. Il termine cette galerie
par une petite chambrette ovale ou ronde, et il
a soin d'en enduire les parois avec sa sécrétion
buccale pour les rendre solides. Il reste là pendant quarante ou cinquante jours, au bout
desquels l'insecte parfait, le hanneton, sort de
sa chrysalide. Il est alors d'un blanc sale, mou
et sans force; aussi demeure-t-il dans sa chambre natale pendant plusieurs mois, attendant
impatiemment l'arrivée des beaux jours. Il
commence alors à se rapprocher de la surface.
Ce trajet lui prend près de deux mois; à mesure
qu'il monte, sa force se développe, son corps
durcit, et arrivé à la surface il prend son vol
pour gagner l'arbre sur lequel il puise sa
nourriture.

Il est presque inutile de parler des dégâts
qu'occasionnent les larves des hannetons : céréa-

les, légumes, salades, fraisiers, rosiers, arbres fruitiers, forestiers, résineux, toutes les plantes, enfin, sont attaquées par les terribles vers blancs. Il arrive même, parfois, que des arbres, dans toute leur croissance, périssent sous leurs morsures répétées.

A l'état souterrain, le hanneton n'a presque pas d'ennemis, à l'exception de quelques parasites, dont nous nous entretiendrons plus tard. La taupe en détruit beaucoup et la bergeronnette, dont je vais vous parler tout à l'heure, en fait une grande consommation, lorsque la charrue du laboureur les ramène à la surface.

A l'état aérien, le hanneton est recherché par une foule d'animaux appartenant à des genres différents, tels que moineaux, pies-grièches, corneilles, buses, pies, hiboux, renards, martres, hérissons, poules, canards, couleuvres, etc.

On ne connaît aucun moyen pratique pour combattre ce fléau; le meilleur est celui que nous avons employé quelquefois dans nos promenades et qui consiste à secouer l'arbre sur lequel le hanneton s'est endormi. Tous ceux qui s'y trouvent tombent; on les ramasse, et on en fait une pâtée dont les poules sont très friandes.

Outre le hanneton vulgaire dont nous venons de nous entretenir, nous en avons encore plusieurs autres, que vous ne connaissez peut-être pas si bien. C'est d'abord le hanneton-foulon, qui a une taille bien plus considérable que le précédent; il atteint jusqu'à 0ᵐ035 de long. Il est d'un brun noir, aux élytres parsemés de nombreuses petites taches blanches. Les antennes sont très développées chez les mâles. Il se tient sur les rivages de l'Océan, et nous ne le voyons chez nous que lorsqu'il est apporté par les vents d'ouest.

Le hanneton d'été ou estival *(Rhizotrogus æstivus)*, ainsi nommé parce qu'il ne fait son apparition qu'à l'époque des moissons, est plus petit que le hanneton vulgaire. Il est blond et poilu; le jour on le trouve engourdi dans les champs en friche, dans les prairies, etc.; au crépuscule, il prend son vol, et va à la recherche d'une femelle. Ses mœurs sont les mêmes que celles du hanneton vulgaire.

Le hanneton de la vigne *(Euchlore)*, qui a les formes générales du hanneton, mais avec des couleurs plus brillantes, cause de grands dégâts à la vigne, en rongeant les bourgeons lorsqu'ils commencent à se développer. Il est d'un beau vert métallique, et a environ 16 millimètres de longueur.

Nous en avons encore plusieurs autres que je vous ferai connaître au fur et à mesure que nous les rencontrerons dans nos chasses. Ils ont tous à peu près les mêmes mœurs et sont aussi de véritables fléaux de l'agriculture.

II. *La Bergeronnette.* — On connaît en France quatre espèces de bergeronnettes; mais nous ne nous occuperons que de la plus commune, c'est-à-dire de celle que nous voyons rôder sans cesse autour des troupeaux. C'est la bergeronnette grise, que vous avez tous remarquée sans doute. Elle a le corps noir, le dos ardoisé ainsi que les flancs, l'abdomen et les plumes rectrices d'un blanc pur; le front et les joues sont comme enveloppés d'un bandeau blanc. Seulement à l'automne l'oiseau change de robe, le noir de la gorge et du jabot disparaît, et est remplacé par un plumage gris ardoisé. Son nid est artistement travaillé. Il est composé de racines, d'herbes sèches entrelacées de crin, et l'intérieur est garni d'un fin duvet. Il est ordinairement placé sur le sol, sous quelque motte de terre. Lorsqu'il est terminé, la femelle y dépose quatre ou six œufs, qui éclosent au bout de treize jours. C'est à la femelle seule qu'incombent les soins de l'incubation; mais une fois les petits éclos, les soins de la nourriture et de la surveillance sont partagés tour à tour par le mâle et la femelle.

La bergeronnette est un oiseau de passage. L'hiver elle se retire dans les pays chauds et ne reste chez nous que du mois d'avril au mois d'octobre. Mais pendant ce temps que de services cet oiseau rend à l'homme! Sa forme svelte, son beau plumage, son vol gracieux suffiraient seuls pour faire aimer cet oiseau et le recommander à votre bienveillance. Mais outre ces qualités physiques, voici encore ce qui doit faire classer cet oiseau au nombre de nos meilleurs amis. Aussitôt que les petits sont sortis du nid, toute la famille se met en chasse. Avant le commencement des labours, nous voyons ces gentils oiseaux suivre les troupeaux

dans les prairies comme dans les guérets, faire
le tour des excréments des vaches, tourner et
retourner avec leurs becs ceux des moutons
pour saisir les insectes qui s'y sont réfugiés,
voler parfois sur le dos des vaches et des moutons
pour saisir les taons ou les tiquets qui dévorent
ces pauvres animaux. La présence du berger
n'effraie nullement cet oiseau, et il semble par les
courbes gracieuses de son vol, vouloir lui faire
comprendre les services qu'il veut lui rendre.
Lorsque le laboureur commence ses premiers
travaux, vous voyez les bergeronnettes s'abattre par centaines, sur la terre fraîchement retour-
née, pour chercher les œufs des hannetons que
la charrue a soulevés. Elles ne s'inquièteront
point de votre présence, et continueront leur
chasse jusqu'à ce que l'heure avancée les force
d'abandonner leur travail.

Je ne crois pas que, parmi vous, il se trouve
un enfant assez dénaturé pour oublier les services que nous rendent chaque jour ces jolis
petits oiseaux, qui, à tous les points de vue,
sont dignes de tout notre intérêt et de notre
bienveillante protection.

Quatrième Leçon.

LES ORYCTIENS, LES CÉTONIENS ET LE MOINEAU.

I. *Les Oryctiens, les Cétoniens.* — Nous allons
aujourd'hui terminer notre étude des insectes
appartenant à la famille des Lamellicornes.

Commençons notre leçon, si vous le voulez

bien, par l'étude de ce bel insecte que vous appelez vulgairement *rhinocéros*. Il appartient au genre Orycte. Dans les régions tropicales, ces insectes atteignent quelquefois 10 centimètres de long. Le type du genre, c'est l'Orycte nasicorne ou rhinocéros, long de 27 à 35 millimètres, couleur acajou brillant. Il a une longue corne arquée ; la femelle n'a qu'un simple tubercule pointu. Elle place ses œufs dans le tronc pourri des chênes, ou bien encore dans les couches à melons, dans le tan et dans les cultures maraîchères. La larve de ces insectes est presque semblable à la larve du hanneton ; mais elle acquiert un développement plus considérable. Elle se nourrit aux dépens des plantes, dont elle ronge les racines. C'est un insecte très nuisible, auquel il faut faire une chasse continuelle. Sa force est extraordinaire ; voilà pourquoi on dit, en parlant de cet insecte, « que s'il avait la taille de l'éléphant, il soulèverait les rochers et les montagnes. »

Je vous parlerai maintenant de la tribu des Cétoines ou Mélitophiles, ainsi nommés parce que ces insectes vivent sur les fleurs dont ils sucent le miel et rongent le cœur. Le type du genre, c'est la cétoine dorée, qu'on rencontre communément sur les roses et les lilas, endormie au milieu de la corolle. Cet insecte est d'un vert brillant, avec de petites lignes blanches irrégulières sur les élytres. Lorsque la cétoine vole au soleil, elle brille d'un éclat incomparable, et elle offre cette particularité, qu'elle n'écarte pas ses élytres pendant son vol, comme les autres Coléoptères, mais les conserve fermées. La femelle dépose ses œufs dans le bois pourri. Les larves vivent de la matière qui les enferme, puis elles se construisent une coque avec les détritus agglutinés pour s'y transformer ensuite en nymphes.

Nous avons encore d'autres cétoines dans nos pays, mais plus petites. Vous avez pu les voir dans notre collection. On les rencontre sur les Ombellifères et surtout les chardons. C'est d'abord la cétoine piquetée (Oxythyre piqueté), qui est noire, avec de longs poils clairsemés et de nombreuses petites taches blanches; puis la cétoine hérissée, qui est noire, avec des poils jaunâtres, et à élytres tachés de blanc. On trouve celle-ci non seulement sur les fleurs, mais encore sur les arbres fruitiers.

Il y a, en outre, la cétoine fastueuse d'une longueur de 24 millimètres, elle est d'un beau vert métallique éclatant; la cétoine marbrée, de 20 à 22 millimètres de longueur, bronzée en dessus, et d'un vert métallique en dessous; les élytres sont recouverts d'un duvet blanchâtre formant des taches vermiculées; la cétoine métallique, un peu plus grosse que les précédentes, couleur vert clair très brillant, pattes d'un rouge violet. Cet insecte se trouve sur les roses, au cœur desquelles il s'endort.

Voici encore des insectes qui appartiennent à la tribu des Cétoines: dans le genre Osmoderme nous avons l'Osmoderme ermite, insecte d'environ 30 millimètres. Il est d'un brun noir luisant, avec un faible reflet métallique, écusson sillonné et élytres ponctués; on le rencontre sur les saules, où sa présence se fait découvrir par une forte odeur de cuir de Russie qu'il exhale. Dans le genre Gnorime, nous avons le gnorime variable, long de 18 à 20 millimètres. Il est noir avec quatre joints jaunes sur le corselet, et quatre ou cinq sur chaque élytre; on le rencontre dans le tronc des châtaigniers. Le gnorime noble se rencontre sur les fleurs du sureau. Il est d'un beau vert métallique à reflets cuivreux.

Dans le genre Trichie nous n'avons que le trichie à bandes, qu'on rencontre pendant l'été sur les roses. Il est noir, hérissé de poils jaunâtres; ses élytres sont d'un jaune mat, avec trois bandes transversales noires; il a de 12 à 14 millimètres.

Et enfin parmi le genre Valge, nous ne connaissons que le valge hémiptère, qui a de 8 à 10 millimètres. Cet insecte est d'un noir sale, avec des taches formées par des écailles cendrées. La femelle a à l'abdomen une longue tarière qui lui permet d'enfoncer ses œufs assez profondément sous l'écorce des arbres pour les mettre à l'abri du mauvais temps. Cet insecte se rencontre à terre, où il se traîne péniblement.

Nous avons terminé l'étude de cette remarquable famille des Lamellicornes. Elle n'a point été sans intérêt pour vous, car vous connaissez maintenant la vie et les mœurs des principaux insectes de cette famille. La prochaine fois, nous commencerons l'étude d'une famille qui ne vous intéressera pas moins que la précédente : c'est la famille des Carabides. Pour aujourd'hui nous terminerons par l'étude du moineau.

II. *Le Moineau.* — Je n'ai point besoin de vous décrire cet oiseau pour vous le faire connaître. Vous savez aussi bien que moi que c'est l'oiseau le plus répandu et le plus familier de tous. Il bâtit son nid, tantôt sur les arbres, tantôt dans les trous des vieux murs. Ce nid n'est pas un chef-d'œuvre d'architecture; il est de forme ronde, presque aussi gros que celui de la pie. Mais aussi, s'il laisse à désirer sous le rapport de l'art, le confortable n'y manque pas, on pourrait peut-être dire le luxe, car cette grosse botte de paille si mal peignée, qu'on aperçoit de très loin, renferme dans son intérieur une chambrette sphérique splendidement tapissée des plus soyeux duvets, où les petits sont admirablement bien à leur aise.

Il arrive, malheureusement trop souvent, hélas! qu'à la veille d'y déposer ses œufs, la femelle voit une main criminelle lui enlever sa demeure. Pressé alors de mettre en sûreté son cher trésor, le couple cherche un refuge dans le nid de l'hirondelle: celle-ci, qui n'entend nullement céder son bien, le dispute avec acharnement; mais elle est bientôt obligée de céder à la force et d'aller chercher ailleurs un logis qu'elle s'est vu enlever brutalement. On a dit que pour se venger de cette violation de domicile, l'hirondelle emprisonnait la femelle du moineau dans le nid, en le fermant avec de la boue; mais il faut considérer cela comme un véritable conte. Jamais cela n'a été observé.

C'est ordinairement au mois de mars ou au commencement d'avril qu'ont lieu les premières couvées. Elles sont de cinq à sept œufs; les deux parents couvent alternativement pendant treize à quatorze jours. Aussitôt les petits éclos. ils les nourrissent d'insectes à corps mous; puis, pour les fortifier davantage, ils leur donnent d'abord des graines encore en lait, plus tard des graines mûres, des céréales, et enfin des fruits. Au bout de huit jours, les petits prennent leur essor. Les parents s'accouplent de nouveau, réparent leur nid, et au bout de quinze jours la femelle pond pour la seconde fois, et ne s'arrête qu'après la troisième. Les parents prennent le plus grand soin de leurs petits; souvent même, pour les défendre, ils oublient le danger et périssent victimes de leur dévouement. Si un des parents vient à mourir, le survivant redouble d'activité pour nourrir les petits affamés. On rapporte qu'un pauvre moineau, aveugle de naissance, fut nourri pendant tout un hiver par ses parents. L'observateur de ce fait prit le pauvre infirme et lui donna l'hospitalité. Il le mit dans une volière et un linot aussi charitable que son maître se chargea de le nourrir.

Mais devons-nous regarder le moineau comme un être nuisible ou utile? Le doute n'est plus permis, malgré ce préjugé populaire qui prétend que chaque moineau mange près d'un hectolitre de blé par an.

Voici quelques exemples qui nous feront voir les services que nous rend cet oiseau. A une époque, des agriculteurs anglais adressèrent une demande au Parlement, le priant d'ordonner la destruction de cet oiseau. Le gouvernement anglais eut la faiblesse de faire droit à cette demande, et on condamna les pauvres innocents au bannissement. Une chasse continuelle fut faite et bientôt pauvre Pierrot disparut de ce pays inhospitalier. Mais à mesure que le moineau disparaissait, les insectes se multipliaient et la récolte diminuait, si bien que les terribles ennemis du pauvre oiseau furent obligés d'adresser une nouvelle demande au Parlement pour rappeler les exilés. Des ordres furent lancés dans toutes les directions pour demander des moineaux à prix d'argent; mais il fallut longtemps pour en repeupler le pays, et pendant de longues années l'agriculture anglaise eut à souffrir de l'imprudent arrêt du Parlement.

Voici encore un autre fait qui vous montrera le rôle important que joue le moineau au point de vue agricole. Le Grand Frédéric, véritable fondateur du royaume de Prusse, avait un beau cerisier dans son jardin; cet arbre se couvrait de fruits tous les ans; mais lorsque ces fruits étaient mûrs, la plupart se trouvaient becquetés. Le roi en demanda le motif et il lui fut répondu que c'étaient les pierrots qui les mangeaient. Furieux de voir les fruits de son arbre favori mangés, gaspillés, détruits par ce misérable oiseau, le vainqueur de Rosbach rend un édit mettant à prix la tête du pauvre malheureux. Tous ceux qui apportaient des moineaux au roi recevaient environ six centimes par tête. L'oiseau disparut donc; mais, de même que les Anglais, le roi ne tarda pas à se repentir de la décision qu'il avait prise, car les années suivantes non seulement il n'y eut plus de fruits. mais les feuilles mêmes de son arbre furent dévorées par les insectes. Il fallut donc rappeler le condamné et le payer plus cher que cela n'avait coûté pour le détruire.

Les colons établis en Australie voyaient tous les ans leur récolte en partie détruite par les nombreux insectes qui fourmillaient dans le pays. Le gouvernement anglais avait fait vainement tous ses efforts pour arrêter le fléau. lorsqu'on se rappela le fameux arrêt du Parlement. L'Angleterre fit demander des moineaux de tous côtés pour les transporter en Australie. Un succès splendide couronna ses efforts. Les colons, dès la première année, eurent une récolte magnifique.

Ainsi donc, mes amis, lorsque vous entendez encore nos cultivateurs prêcher la guerre contre les moineaux, citez-leur ces petits exemples qui ne sont point des contes. Dans le courant de l'année, il peut bien se faire que le besoin force cet oiseau à commettre quelques petits larcins; il se trouve en effet un moment où ses petits ont besoin d'une nourriture fortifiante.

C'est alors que l'on voit le moineau se poser sur l'épi et en dérober quelques grains nécessaires à sa famille. Nous le voyons également en hiver, alors que la terre est couverte de neige et de glace, s'introduire dans nos greniers pour y chercher la nourriture que le froid lui a ravie. Il ne peut pas mourir de faim.

Si on mettait ces petites fautes en parallèle avec les services que le moineau rend à l'agriculture, nous resterions ses débiteurs et de beaucoup, car le volume de hannetons, de cigales, etc., mis à côté de celui que formerait le grain, serait centuple.

Tâchez donc, mes chers enfants, de détruire chez nos pauvres ignorants ce préjugé populaire qui persiste à voir un malfaiteur dans le moineau, et vous rendrez à l'agriculture le plus grand des services.

— —

Cinquième Leçon.

LES BUPRESTIDES, LES ÉLATÉRIDES ET LE PINSON.

I. *Les Buprestides.*— Cette famille renferme des insectes d'une telle magnificence que les anciens naturalistes leur avaient donné le nom de *Richards.* Sous les tropiques, ces insectes sont d'une beauté sans égale; ici, c'est l'éclat de l'or poli sur un fond d'émeraude, ou l'azur se détachant sur un fond d'or; là, ce sont les couleurs les plus riches et les mieux assorties. Mais en France, nous avons peu de ces sujets, et leur beauté ne peut guère leur faire pardonner le mal que leurs larves font à nos bois.

Leur corps allongé se rétrécit postérieurement; leur corselet est large; les pattes sont courtes, munies de cinq articles avec tarses. Leurs antennes sont aplaties et dentelées.

Les larves des buprestes vivent dans les arbres vermoulus, entre l'écorce et le bois, où elles se creusent des galeries. C'est un gros ver d'un blanc sale, n'ayant pour pattes que des espèces de tubercules. Elles ont la tête petite et cornée à sa partie antérieure seulement. Cette structure leur permettrait de faire beaucoup de mal à nos forêts, mais heureusement, ainsi que je l'ai déjà dit, cette famille est peu nombreuse dans nos contrées.

Le plus grand de ces insectes est le Chalcophore mariane, qui atteint jusqu'à 25 millimètres de long, et que l'on ne rencontre que dans le Midi; il dépasse rarement le bassin de la Garonne.

L'Ancylochère à huit taches, de 11 à 13 millimètres de long, est d'un bleu d'acier, avec cinq taches d'un blanc jaune sur chaque élytre. C'est au mois de juin que ces insectes font leur apparition; on les trouve sur les pins, les bouleaux, les chênes et les hêtres, arbres où ils exercent leurs ravages, soit à l'état de larves, soit à l'état d'insectes parfaits.

Les principaux buprestes qu'on rencontre dans nos contrées sont l'Agrile à deux taches, long de 9 à 10 millimètres, d'un vert obscur, avec une tache blanche sur la suture en arrière, et qu'on trouve sous les écorces et quelquefois même sur les fleurs; l'Agrile étroit, qu'on rencontre sur les chênes, et qui est long de 5 millimètres et d'un vert bronzé; l'Agrile vert, long de 6 millimètres, au corps allongé, d'un vert bronzé, ponctué, sur le chêne et le bouleau; l'Agrile ondé, long de 13 millimètres, d'un bleu noirâtre à reflets bronzés, qu'on rencontre sur les chênes.

II. *Les Élatérides.* — Les Élatérides ont beaucoup de ressemblance avec les insectes de la famille que nous venons d'étudier; aussi plusieurs naturalistes les confondent-ils. Cependant les insectes de cette dernière famille, désignés vulgairement sous les noms de *taupins*, de *toque-maillet*, ont la singulière faculté, lorsqu'ils sont sur le dos, d'exécuter des sauts périlleux souvent considérables, et comme en exécutant ces sauts, il leur arrive souvent de retomber sur le dos, ils recommencent cet exercice jusqu'à ce qu'ils tombent sur leurs pattes.

Les larves de ces insectes sont cylindriques, revêtues d'une enveloppe cornée, à pattes courtes mais fortes; on les rencontre dans les bois décomposés et dans les champs ensemencés, où elles occasionnent de grands dégâts.

Ces insectes sont répandus dans le monde entier; mais les grands taupins d'Amérique ont une particularité qui les distingue de ceux des autres parties du monde. Le soir, ils répandent une lueur phosphorescente, non comme les lampyres de nos pays par l'extrémité de l'abdomen, mais par deux taches situées sur les côtés du corselet; cette lueur est assez vive, paraît-il, pour pouvoir lire à petite distance. On les appelle dans ce pays des *porte-feu*. Aussi n'est-il pas rare, le soir, de voir des dames placer coquettement ces insectes dans leurs cheveux.

Les femelles de ces insectes pondent leurs œufs au pied des jeunes tiges de blé, et les petits vers qui en sortent se nourrissent aux dépens de cette plante, qui, n'ayant plus assez de force pour pouvoir s'élever, meurt ou se casse. Ces larves se changent en chrysalides à la fin de l'été, et en insectes parfaits peu de jours après.

Les espèces que l'on rencontre le plus souvent dans nos blés sont le taupin obscur, long de 9 à 10 millimètres, couleur de poix, couvert d'une pubescence jaunâtre; le taupin cracheur, de 7 à 8 millimètres, noir, à élytres ponctués, et recouvert comme le précédent d'une pubescence jaunâtre; le taupin à lignes, à élytres rayés longitudinalement, et enfin le taupin des moissons, brun, à élytres striés, long de 10 à 11 millimètres.

Les insectes de ces deux familles se multiplient rapidement, et si la nature ne leur avait pas donné un ennemi, nos forêts et nos récoltes seraient bientôt détruites. Cet ennemi, c'est le pinson, qui leur fait une guerre acharnée. Nous allons donc terminer la leçon par l'étude de cet oiseau.

III. *Le Pinson.* — Cet oiseau se rencontre dans toutes les localités. Il habite les bois, les taillis, les jardins; mais il évite les lieux humides.

Dès les premiers beaux jours, les chants gais et joyeux du pinson se font entendre, le mâle cherche son habitation et y attend sa compagne. Dès qu'elle est arrivée, ils se mettent à construire leur nid. Ce nid, placé le plus souvent à une bifurcation, est admirablement construit. Les parois en sont très épaisses, et sont formées de mousse et de lichen blanc; il est si bien dissimulé qu'on le prend souvent pour un nœud de la branche sur laquelle il repose. L'intérieur est mollement tapissé de laine, de duvet et de diverses plantes.

Pendant la construction du nid, et tant que dure l'incubation, le mâle ne cesse presque pas de chanter tout le jour durant. Il n'est pas rare à cette époque de voir plusieurs couples de pinsons engager une lutte de chant; puis tout d'un coup, ce tournoi pacifique ne leur convenant plus, ils se poursuivent avec fureur au milieu des branches, jusqu'à ce que s'accrochant l'un à l'autre par le bec et les pattes, ils tombent en tourbillonnant sur le sol, oubliant tout danger. Les coups de bec et de pattes ayant cessé, ils recommencent leur chant pour fondre de nouveau l'un sur l'autre.

La femelle pond cinq ou six œufs d'un bleu verdâtre clair, ondulé de brun rouge pâle et ponctué de brun noir. L'incubation dure quinze jours. Le mâle remplace la femelle quand celle-ci va chercher sa nourriture. Les petits sont nourris d'insectes et de larves; les soins des parents durent encore quelque temps après la sortie du nid, et aussitôt que la famille est devenue indépendante, les vieux s'accouplent de nouveau. Mais cette couvée ne sera que de trois ou quatre œufs, moindre par conséquent que la première, et occupera les parents jusqu'à la fin de la saison.

Le pinson aime beaucoup ses petits, et lorsqu'un ennemi s'approche du nid, il pousse des cris si plaintifs qu'ils semblent être une prière adressée au ravisseur. Et si malgré cette prière le chasseur emporte la couvée, les parents restent quelques jours en proie aux plus vives douleurs; mais leur caractère gai reprend le dessus, et ils oublient peu à peu la perte qu'ils viennent de faire. Depuis le lever du soleil jusqu'à son coucher, le pinson est sans cesse en mouvement, ne se reposant qu'aux heures de la plus forte chaleur. C'est un oiseau très leste: sur les branches, il se tient droit; à terre, son corps est presque horizontal; il cherche sa nourriture en sautillant et en marchant; son vol décrit des lignes ondulées des plus gracieuses.

Le pinson s'apprivoise facilement, et son chant est des plus mélodieux. Malheureusement, dans le Nord, on abuse souvent du plaisir que procure ce charmant prisonnier : on le prive de la vue, dans l'idée que la cécité le rend meilleur chanteur. Certains possesseurs de pinsons sont assez cruels pour leur crever les yeux ou leur agglu-

tiner les paupières à l'aide d'une aiguille rougie
que l'on approche de leurs bords. Cette habitude
cruelle tend à disparaître chez nous, mais en
Belgique elle est encore pratiquée. Dans ce pays,
le chant du pinson est mis au concours. Chaque
concurrent apporte son pauvre aveugle; les
cages sont placées en ligne, et la lutte commence aussitôt. Le concours dure une heure,
et les personnes préposées à cet effet notent le
nombre de fois que chaque prisonnier répète sa
chanson. Il y a des pinsons qui chantent sans
discontinuer, comme s'ils comprenaient qu'on
les a placés là pour se faire entendre et que le
prix doit être donné à celui qui chanterait le
plus.

Le pinson est un oiseau très utile et qui ne
cause nul dégât. Il est granivore en hiver et au
printemps, et ne mange que des graines de
plantes nuisibles. En été, il devient insectivore,
et c'est avec des insectes qu'il élève ses petits.
C'est donc un oiseau précieux pour nos champs,
nos forêts et nos jardins. On devrait partout le
protéger au lieu de le poursuivre, comme cela
a lieu malheureusement dans beaucoup d'endroits. Mais j'ose bien espérer que depuis longtemps vous l'avez classé au nombre de nos
protégés, et que tous ensemble vous veillez
attentivement à ce qu'on respecte sa couvée.

Sixième Leçon.

LES XYLOPHAGES ET LE PIC.

I. *Les Xylophages*. — Plusieurs naturalistes ont fait une famille de ces rongeurs de bois; d'autres en ont fait une tribu qu'ils ont classée dans la famille des Curculionides. Mais nous n'avons point à discuter sur ce classement plus ou moins juste; nous avons à étudier les mœurs de ces petits insectes, qu'on désigne aussi sous le nom de Lignivores.

Ainsi que l'indique leur nom, ces insectes vivent presque tous dans le bois; leurs larves se trouvent sur les pins, les chênes, les hêtres, etc.; elles se creusent des galeries entre l'écorce et l'aubier, galeries variables selon l'espèce de ceux qui les ont pratiquées. Il arrive quelquefois que ces insectes se multiplient avec une telle rapidité qu'ils deviennent un véritable fléau pour les forêts. Les arbres qui en sont atteints, sont tellement perforés qu'il n'y a plus moyen de les employer que comme combustible.

La première tribu de cette famille comprend les Scolytides, insectes petits, mais armés de mâchoires très fortes; ils ont des couleurs peu brillantes et sont noirs ou bruns en général; malgré leur petite taille, ce sont les plus redoutables de tous les Scarabées. Certains d'entre eux se multiplient à tel point que, par leur quantité prodigieuse, ils ont plus tôt détruit une forêt que ne feraient une troupe de bûcherons.

On prétend que ces insectes n'attaquent que les arbres malades, pour hâter leur mort, et en débarrasser ainsi le sol. Certains naturalistes prétendent, au contraire, qu'ils ne font aucune différence entre un arbre malade et un arbre sain. Cependant on doit remarquer que les insectes ont tous un instinct qui les guide pour préserver leur famille de tout accident. Or, si les Lignivores déposaient leurs larves entre l'écorce et l'aubier d'un arbre vigoureux, il est certain que les galeries que ces insectes auraient faites pour bien placer leurs œufs, seraient bientôt fermées par les extravasations de sève et, les œufs se trouvant ainsi emprisonnés, les larves naissantes périraient infailliblement dans cette couche gélatineuse. Nous pourrions conclure de cela que les Xylophages n'attaquent que les arbres qui ont leurs feuilles enroulées (travail dû à d'autres insectes dont nous parlerons plus tard), indice certain d'une maladie.

Quoi qu'il en soit, au moment de la ponte, la femelle creuse des galeries en tous sens, et dépose un œuf dans chacune d'elles. Aussitôt nées, les larves commencent à ronger le bois : c'est le commencement de leurs galeries qu'elles poursuivent toujours dans une direction déterminée. « Aussi les bois et les écorces des arbres » attaqués présentent-ils des dessins presque » invariables pour chaque espèce, travaux qui, » sur les bois durs, de frêne particulièrement, » pourraient être pris pour des œuvres d'art. »

L'Hylurge piniperce ou destructeur de pins,

long de 4 à 5 millimètres, brun noirâtre, à élytres lisses d'un jaune testacé, se montre chez nous au mois de janvier ou de février. La femelle pond de soixante à quatre-vingts œufs, et un dans chaque galerie. Au bout de quinze jours, il sort un petit ver qui commence de suite son œuvre de destruction. Chaque larve se creuse une galerie séparée qui s'éloigne en serpentant de celle qui lui a servi de berceau. A mesure que la larve grossit, ces galeries s'élargissent et au bout de quelques semaines la larve se change en nymphe. Elle restera dans cet état jusqu'au printemps, si elle s'est transformée en automne; mais au contraire, si c'est à la belle saison, au bout de quelques jours elle se transformera en insecte parfait qui se percera de suite une issue à travers l'écorce. C'est ainsi que dans certaines années, à la belle saison, on voit les Scolytes sortir par milliers de dessous l'écorce des pins et se réunir en nombre considérable, pour aller porter plus loin leur œuvre de destruction. Les ravages exercés par cette espèce dépassent l'imagination. « Les forêts de l'Allemagne ont » été dans certaines années tellement dévastées » par ces insectes, que l'on trouve, dans les » anciennes liturgies, le Scolyte assimilé au » Turc, comme un ennemi public. En 1783 on » évaluait le nombre des arbres atteints à un » million et demi. » Mais nous trouverons des exemples chez nous, sans aller en chercher dans les pays étrangers. En voici un sur cent que je pourrais citer : Il y a peu d'années que l'on fut obligé de faire abattre plus de cinquante mille chênes du bois de Vincennes, tous attaqués par les Scolytes.

Les Bostriches ont à peu près les mêmes mœurs que les Scolytes. Il y a encore le Chalcographe ou Graveur, dont les galeries creusées par la femelle décrivent toujours une courbe et entament souvent le bois, tandis que les Bostriches ne se creusent de galeries qu'entre le bois et l'écorce.

Vous comprenez, mes chers enfants, que si nous n'avions que nos mains pour détruire ces insectes, il ne serait pas la peine d'en commencer la chasse ; le plus courageux d'entre vous ne tarderait pas à reconnaître son impuissance ; mais la nature a donné à l'homme un aide, un protecteur pour arrêter ces terribles invasions, et cet aide, ce protecteur, c'est l'oiseau. C'est, en effet, grâce à eux que nous voyons nos récoltes mûrir et nos forêts conserver leur riche végétation ; ce sont eux qui maintiennent l'équilibre dans la nature. — Terminons notre leçon par l'étude d'un oiseau forestier qui fait périr dans l'année un nombre considérable de ces insectes, le Pic.

II. *Le Pic.* — Le Pic est un des plus beaux oiseaux de France. Comme certains d'entre vous ne le connaissent pas, vu sa rareté dans les environs, je crois utile de vous en faire la description. « Il a le dos noir, le ventre d'un » jaune sale, le front marqué d'une bande » jaunâtre ; sur les côtés du cou, une grande

» tache scapulaire; des bandes au travers des
» ailes, le derrière de la tête et le bas-ventre
» d'un beau rouge carminé; une raie noire
» descendant de la racine du bec sur les côtés
» du cou; l'œil rouge brun; le bec gris-de-plomb
» clair, les pattes gris verdâtre. » La tête de la
femelle n'a pas de taches rouges.

Cet oiseau recherche les grands bois; mais
il préfère les bois de pins à tous les autres. Il
ne les quitte qu'en hiver et lorsque la faim
le force à s'aventurer ailleurs; c'est alors qu'il
vient visiter les jardins écartés de toute habitation et qu'on le voit en compagnie d'autres
oiseaux, tels que mésanges, grimpereaux,
roitelets. Mais lorsque les beaux jours reviennent, il ne souffre aucune compagnie, et s'il en
connaît dans son voisinage il accourt pour les
chasser. Il est rare qu'il se montre en pays
découvert, il demeure toujours près des arbres.

Les pics sont très vigoureux et très agiles: il
est curieux d'observer cet oiseau par un beau
jour de printemps : on les voit se poursuivre
d'arbre en arbre, grimper le long des branches,
se chauffer au soleil, dont les rayons font
rehausser leurs belles couleurs. Ils sont toujours
en mouvement et animent, par leur gaîté, les
sombres forêts de pins. Leur vol est rapide,
mais ils ne franchissent pas de longues distances; on les voit rarement à terre, mais
souvent perchés sur les plus hautes branches
d'un arbre, d'où ils font entendre un cri qui
n'est guère harmonieux et qu'on peut traduire

ainsi : *pick, pick* ou *kik kic*. Pour passer leur nuit, ils cherchent une cavité dans un arbre et ils ont soin de s'écarter de tout autre voisin. Il est facile d'attirer le pic en imitant le bruit qu'ils font quand ils frappent sur le tronc d'un arbre. A l'époque de l'accouplement surtout, on est sûr de les voir arriver près du chasseur qui sait imiter ce bruit, cherchant, furetant de branche en branche, dans l'espoir de découvrir un rival.

Ces oiseaux se nourrissent d'insectes qu'ils font sortir de dessous l'écorce des arbres malades, en les frappant à coups redoublés; on les voit alors courir de l'autre côté du tronc ou de la branche pour saisir les insectes que leurs coups ont effrayés. D'autres fois, ils enfoncent leur langue sous l'écorce dejà fendue, et quelquefois même ils coupent cette écorce, avec leur bec, pour mieux prendre les insectes qui s'y trouvent cachés. Outre les insectes, ces oiseaux dévorent encore beaucoup de chenilles qui rongent les feuilles des arbres.

Le nid du Pic se trouve toujours dans le trou d'un arbre. Cette cavité, qui a environ 35 centimètres de profondeur, a les parois très lisses et le fond recouvert de copeaux. La couvée est de quatre à six œufs, qui sont couvés, par le mâle et la femelle, pendant quatorze ou quinze jours. Lorsque les petits sont éclos, les parents en prennent le plus grand soin et ne les abandonnent que lorsqu'ils sont à même de pouvoir se suffire.

Je ne puis assez vous dire combien cet oiseau est utile. Il y en a qui, malgré les services qu'ils nous rendent, commettent quelques petites fautes qu'on est obligé de leur pardonner; mais le Pic ne fait jamais de mal. Il travaille sans cesse à nous être utile. Lorsqu'il ne chasse pas, il creuse des trous dans les arbres morts, où les autres oiseaux utiles trouvent de quoi placer leur nid. Voilà pourquoi il serait utile de laisser ces arbres sur pied pendant quelque temps. Mais si l'on disait au propriétaire d'un bois ou d'une forêt : Laissez là vos arbres morts, afin que les Pics puissent trouver de quoi placer leur nichée, et préserver ainsi vos bois des insectes qui les dévorent, croyez-vous que cet homme vous obéirait? Assurément non, car dans son ignorance il croirait que vous vous moquez de lui. Cependant il faut espérer, aujourd'hui surtout qu'il n'est plus permis de rester ignorant, que le temps n'est pas éloigné où l'homme saura faire la différence entre les êtres malfaisants et les êtres utiles, et que protection et liberté seront accordées à ces pauvres oiseaux, les plus utiles et les plus indispensables des habitants de nos forêts.

<hr>

Septiéme Leçon.

LES RHYNCHOPHORES OU PORTE-BEC ET LE CHARDONNERET.

1. *Les Rhynchophores*. — Ces insectes se distinguent des autres scarabées par la forme particulière de leur tête, qui se prolonge en avant

en une sorte de trompe. Ce bec est plus ou moins long, d'après le genre auquel l'insecte appartient.

Les Porte-bec sont essentiellement phytophages, c'est-à-dire qu'ils se nourrissent aux dépens des végétaux. Ces insectes, que l'on désigne vulgairement sous le nom de Charançons, méritent d'être classés au nombre des insectes les plus nuisibles à l'homme. Il n'y a guère de plantes qui ne nourrissent plusieurs espèces de Charançons. Dans nos pays, la couleur de ces petits animaux est loin d'être aussi luxueuse que celle de ceux qui sont sous les tropiques. Vous pouvez en avoir une faible idée en comparant ceux de France avec les quelques-uns qui m'ont été envoyés du Chili.

Les larves des Rhynchophores sont presque semblables aux larves des Lamellicornes. Ce sont des vers épais, ramassés, au corps mou, vivant cachés dans les tiges, les fleurs ou les fruits des plantes et y causant de grands dégâts.

Au moment de se transformer en nymphes, beaucoup de ces larves se filent une coque de soie; d'autres roulent des feuilles, enfin d'autres se cachent dans l'intérieur des tiges.

Je vais d'abord vous parler de la première tribu de cette nombreuse famille: les Bruchiens.

Ces insectes se trouvent dans les pois, les fèves, les lentilles, auxquels ils occasionnent de grands dommages. Leurs larves s'attaquent à la partie charnue, et malgré cela la graine acquiert toujours son développement complet, car l'insecte a l'instinct de ne pas attaquer le germe. Ces larves viennent des œufs que la femelle a déposés dans les germes au moment de leur formation.

Lorsque le printemps arrive, les larves, après avoir passé l'automne et l'hiver en cet état, se transforment en chrysalides, et en insectes parfaits aux premiers jours de mai. Ils quittent alors leurs habitations pour aller dans la campagne chercher à s'accoupler. Mais la femelle ne pond pas de suite, elle attend que les fleurs commencent à flétrir, c'est-à-dire à former leurs petites gousses; alors elle dépose un œuf sur chaque fruit. Aussitôt éclos, le petit ver entre dans le grain à mesure que ce dernier se forme; et il grandit son habitation à mesure que son corps grossit. L'insecte a atteint tout son développement lorsque le fruit est mûr.

Le hêtre nourrit une espèce de Rhynchophore qu'on appelle Platyrhine à large trompe, long de 10 à 12 millimètres. Il est noir à pubescence grise et brune; le rostre et l'extrémité des élytres sont blancs. L'Apodère du noisetier est d'un beau rouge, avec le dessous de la tête, le corps et les pattes noirs. La femelle roule les feuilles du noisetier pour y déposer ses œufs. Sur le bouleau, on trouve le Rhynchite, dit du bouleau, qui n'a pas plus de 5 à 6 millimètres; il est d'un bleu ou vert brillant doré. La femelle de cet insecte roule en paquet les feuilles de l'extrémité d'un bourgeon; après avoir terminé son petit rouleau, elle le perce en quatre ou cinq places différentes et pond un œuf dans chaque trou; ensuite elle a l'instinct de couper à moitié les pétioles des feuilles pour arrêter la sève. Le rouleau sèche, et tombe à terre peu de jours après. Alors les larves qui ont rongé l'intérieur du rouleau en sortent et pénètrent sous terre où elles se transforment en nymphes; puis au printemps elles sortiront insectes parfaits.

On trouve souvent cet insecte dans les vignes, où il cause beaucoup de dégâts; mais pour s'en rendre maître, il n'y a qu'à suivre les pieds de vigne et à ôter toutes les feuilles qu'on trouve enroulées en forme de cylindre, et à les faire brûler.

Le Rhynchite Bacchus, qui doit son nom à sa belle couleur de rubis, a de 6 à 8 millimètres. Cet insecte vit sur les pommiers, les poiriers en fleurs dont il suce le suc. La femelle perce avec sa trompe les jeunes pommes ou les jeunes poires, puis, se retournant, elle dépose un œuf dans cette petite cavité; avec sa trompe elle le pousse au fond et bouche ensuite le trou avec une matière gommeuse.

La larve de cet insecte est facile à connaître. C'est un ver blanc rosé, à tête noire. Dès qu'elle est née, elle commence à percer une galerie d'un bout à l'autre; le fruit tombe et alors la larve en sort pour aller dans le sol se transformer en nymphe, d'où elle ne sortira qu'au printemps insecte parfait.

Enfin nos arbres fruitiers nourrissent encore une multitude d'insectes de cette tribu que je vous ferai connaître au fur et à mesure que nous les rencontrerons dans nos chasses. Pour terminer notre leçon, je vais vous faire connaître les mœurs du Chardonneret, qui fait la chasse à la plupart de ces petits coléoptères ou à leurs larves.

II. *Le Chardonneret*. — Le Chardonneret est sans contredit le plus gai, le plus vif et le plus joli des oiseaux de France, et peut-être le plus intelligent. Il s'apprivoise facilement, quoiqu'il paraisse très craintif au premier abord. Mais si on ne l'effraie pas, il ne tarde pas à se familiariser. Je puis en donner un exemple qui vous prouvera combien l'intelligence de cet oiseau dépasse la commune mesure : J'avais une douzaine d'années, c'est vous dire qu'il y a trente ans de cela, je me trouvais seul dans un tout petit jardin attenant à notre maison d'habitation, lorsque j'aperçus, à quelques pas de moi, deux chardonnerets venir se poser sur des salsifis en fleurs, presque à portée de ma main. J'approche doucement, et avec mon chapeau, j'eus le bonheur d'en couvrir un. Je le mis de suite en cage et ne manquai pas de lui donner tout ce qu'il fallait pour lui faire oublier la liberté que je lui avais ravie. Il se familiarisa vite avec moi. Un beau jour, comme je nettoyais sa cage, mon oiseau s'envole, à mon grand chagrin. Je le croyais bel et bien rendu à la liberté pour toujours. Mais quel ne fut pas mon étonnement lorsque je le vis revenir, dix minutes après, se percher tout près de moi, et enfin revenir dans sa cage, que je m'étais empressé de mettre à sa portée, sans grand espoir, je dois le dire, de l'y voir revenir. Je vous donne à penser si je fus content. A partir de ce jour je lui donnais souvent la liberté. Je m'amusais quelquefois à l'emporter avec moi à la campagne et, arrivé dans les champs, je le lâchais. Il voltigeait un moment à côté de moi, se posait sur un pied d'herbe, becquetait quelques graines; mais lorsque je faisais mine de partir, il venait se percher sur ma tête ou mes épaules. J'avais fini par ne le fermer que la nuit, à l'exception des jours d'hiver; lorsque la température était trop rigoureuse, je le mettais dans un appartement. Je le gardai ainsi pendant quatre ans; mais un beau jour un chat me le mangea. Je fus si chagrin de la perte de mon chardonneret que depuis je ne me suis pas senti le courage d'élever un oiseau.

Il se plaît beaucoup dans les jardins, les parcs, les prairies, plutôt que dans les grands bois. Il niche de préférence dans les jardins et son nid est un petit chef-d'œuvre. Il est construit de crin, de laine, de mousse, et l'intérieur est tapissé de duvet végétal. D'habitude il ne met que trois jours à le construire, à moins toutefois qu'il vienne à trouver, au milieu de la besogne, un matelas plus fin et plus soyeux; dans ce cas il recommence son travail. C'est la femelle seule qui construit ce nid; le mâle la distrait par son chant, mais ne partage jamais son travail.

La couvée se compose de quatre ou cinq œufs qui sont couvés par la femelle seule; elle ne quitte son nid que pour peu d'instants, car le mâle la nourrit pendant l'incubation qui dure treize ou quatorze jours. Les parents nourrissent leurs petits avec des larves, puis des insectes et enfin des graines. Et longtemps après leur sortie du nid ils continuent encore à en prendre soin et ne les abandonnent que lorsque leurs services sont devenus inutiles.

Cet oiseau est si gai qu'il est toujours en mouvement. Il descend rarement sur le sol, où il ne se sent pas à l'aise. Son vol est léger et rapide, ondulé et vacillant quand l'oiseau va se poser. Il recherche en général la cime des arbres pour se percher, mais sa vivacité ne le laisse pas longtemps à la même place.

Les Allemands lui ont donné le nom de *Stieglitz*, par harmonie imitative. C'est bien le plus joli et le plus rationnel de tous les noms qu'on ait pu lui donner, bien que je ne sois guère partisan de ce qui vient d'Allemagne. Mais justice avant tout. Nous l'appelons ici improprement *chardonneret*, car cet oiseau n'a pas une préférence bien marquée pour la graine de chardon. On ne le voit sur ces plantes que lorsque les rayons du soleil ont fait disparaître la plupart des graminées d'où il sort sa nourriture, c'est-à-dire vers la fin du mois de septembre, et alors que les petits insectes qu'il a chassés pendant toute la saison ont disparu, ou que leurs larves cachées sous l'écorce des arbres ou à l'intérieur des fruits ne peuvent plus devenir la proie de ce joli petit chasseur.

A la leçon suivante, la suite de l'étude des insectes qui composent la famille des Rhynchophores ou Porte-bec.

Huitième Leçon.

LES RHYNCHOPHORES OU PORTE-BEC ET LE ROITELET.

I. *Les Rhynchophores*. — Nous allons faire en sorte de terminer aujourd'hui l'étude des insectes qui composent cette intéressante famille. Commençons, si vous le voulez bien, par la tribu des Cléoniens. Parmi les insectes de cette tribu, on doit remarquer d'abord les Hylobes. Ces insectes sont en général de couleur sombre et se rencontrent sur les arbres résineux. L'un de ces insectes, l'Hylobe des pins, occasionne souvent dans les forêts des dégâts considérables. Les larves de ces insectes vivent dans le bois du pin, qu'elles ont soin de creuser en tous sens; puis elles s'y font une loge de forme ovale, d'où elles sortent aux beaux jours insectes parfaits. Ces insectes ont de 9 à 12 millimètres de long; ils sont d'un brun noir, avec des taches formées par une pubescence fauve; les élytres sont marqués de stries fines et pointillées. C'est pendant les mois de mai et de juin que ces insectes font leurs ravages.

Les Phyllobies sont reconnaissables à leur rostre court, presque horizontal; le premier article de leurs antennes est arqué et plus long que la tête. Vous n'avez qu'à examiner ceux que nous avons dans notre collection. Ces insectes vivent sur les feuilles et sont très communs dans nos pays; en été on les trouve en grand nombre sur les fleurs et les plantes. La Phyllobie argentée se trouve sur les pommiers et les poiriers, dont elle crible les feuilles de trous. Ce charançon n'a que 5 millimètres environ, mais il est d'une belle couleur. Il a le corps noir, puis il est recouvert d'écailles d'un vert argenté brillant, quelquefois bleuâtre. Ces écailles ressemblent à la poussière qui orne les ailes des Lépidoptères; elles s'enlèvent aussi facilement. Il y a en outre la Phyllobie oblongue, qui est noire et recouverte d'une espèce de duvet grisâtre; et enfin la Phyllobie du bouleau, qui, de même que la précédente, est noire, mais dont les écailles sont d'un vert doré. Le plus souvent ces deux derniers insectes se trouvent sur le même arbre.

Les Otiorhynques sont des espèces de charançons de couleur grisâtre ou obscure. Ils se retirent sous les mousses, les pierres, les feuilles et se nourrissent aux dépens des arbres, qui souffrent beaucoup de leurs dégâts. L'espèce la plus connue dans nos pays est l'Otiorhynque de la livêche, qui a de 12 à 15 millimètres; il est gris cendré. On le trouve sur les routes. Le plus nuisible de ces insectes, c'est l'Otiorhynque roque, qui est à peu près de la même grosseur que le précédent, mais dont les antennes sont rousses; il ronge les bourgeons de la vigne. On le trouve aussi sur les poiriers, auxquels il cause des dommages considérables.

Nous avons dans notre collection un insecte du nom de Lixe paraplectique qui appartient à la tribu des Rhynchœnides ou Eurhimiens et qui est assez rare chez nous. On trouve souvent ces insectes sur les Ombellifères, et l'on prétend que leurs larves vivent sur la ciguë d'eau, dans les tiges de laquelle elles se développent. Ces insectes sont longs de 12 à 15 millimètres; ils sont noirs, recouverts d'une pubescence d'un gris jaunâtre; le corps est très allongé et de forme cylindrique. On dit que les chevaux qui avalent ces charançons sont bientôt atteints d'une maladie désignée sous le nom de *paraplégie*, qui leur paralyse une partie du corps. Outre les insectes dont nous avons parlé, comme ravageurs d'arbres fruitiers, il en est une autre espèce que vous ne connaissez pas encore et qui n'a pas plus de 5 à 6 millimètres : c'est l'Antonome des pommiers.

Au mois de mai, alors que les pommiers commencent à se couvrir de bourgeons, ces insectes commencent à se transporter sur ces arbres; la femelle choisit un bouton, qu'elle perce d'un petit trou, puis elle y dépose un œuf; elle passe à un autre, fait la même opération, et ainsi de suite jusqu'à ce qu'elle ait fini sa ponte. Au bout d'une semaine, la larve sort

de l'œuf et se nourrit aux dépens des organes
de la fructification. Alors on voit qu'une partie
des fleurs ne s'épanouissent pas et prennent
une teinte rousse. Si l'on demande aux proprié-
taires d'où vient ce mal, ils vous répondent que
c'est le vent du nord-ouest qui les a gelées ou
bien la lune rousse. Et si vous leur dites que c'est
un insecte, ils croiront que vous voulez vous
moquer d'eux. Ils ne se rendront à l'évidence
que lorsque vous aurez ouvert un de ces bourgeons et que vous leur aurez montré le petit
ver qui ronge la fleur.

La larve de cet insecte reste enfermée dans sa
prison jusqu'à ce que le bouton soit sec; alors
elle se transforme en nymphe, et une semaine
après elle sortira insecte parfait. Cet insecte
passera la saison à ronger les feuilles des
arbres, et lorsque arrivera la fin de l'automne,
que le froid aura enlevé toute les feuilles, alors
il cherchera un refuge sous l'écorce pour passer
la mauvaise saison, et au printemps il recom-
mencera son œuvre dévastatrice. Je vais terminer l'étude des insectes de cette famille par la
Calandre du blé.

Vous savez qu'on rencontre ces petits insectes
en abondance dans les greniers, les granges et
les magasins, où ils se multiplient d'une
manière prodigieuse. C'est le blé seul qui
souffre de ce terrible ennemi. Au commencement du mois de mai, la femelle entre dans les
sacs de blé, se choisit un grain, y fait un petit
trou et y dépose un œuf; ce premier œuf

déposé, elle choisit un second grain, fait à celui-là ce qu'elle a fait au premier, et ainsi de suite jusqu'à ce qu'elle ait terminé sa ponte. Peu de jours après, il sort un petit ver qui se met à ronger l'intérieur du grain, jusqu'à l'enveloppe qu'il n'altère jamais. Parvenu à toute sa grosseur, la larve se change en nymphe dans cette même habitation, et au bout de quelques jours, elle perce sa prison et en sort insecte parfait. Aussitôt en liberté, l'insecte recherche une femelle et continue ainsi toute l'année son œuvre dévastatrice, ne s'arrêtant que lorsque le froid le force à chercher un abri, soit dans les trous de mur, soit dans les fentes des bois, où il reste engourdi jusqu'aux premiers beaux jours. Il recommence alors sa triste besogne. La fécondité de ces insectes est telle que l'on prétend qu'un couple de charançons de blé est capable de donner plus de six mille descendants dans moins d'un an.

On a bien cherché jusqu'ici à se débarrasser de ce terrible insecte, mais malheureusement la science est restée impuissante. L'oiseau qui en détruit le plus, c'est le Roitelet, dont nous allons parler (1).

II. *Le Roitelet (Troglodyte).* — C'est improprement qu'on a donné à cet oiseau le nom de

(1) Pour connaître tous les insectes dont il est question dans toutes ces leçons, il n'y a qu'à se procurer chez M. Émile Deyrolle, naturaliste, 23, rue de la Monnaie, Paris, l'ouvrage intitulé : *Les Coléoptères de France*, orné de 27 planches, par M. L. Fairmaire; prix broché : 4 fr. 50 c.; — et *les Lépidoptères de France*, avec 27 planches coloriées; prix : 5 fr.

Roitelet; cet oiseau n'habite pas nos pays. On le trouve en Allemagne, en Autriche, en Grèce, en Italie et en Espagne; ce n'est qu'accidentellement qu'on peut le rencontrer dans le midi. Pour vous montrer la différence qui existe entre l'oiseau de nos pays et le Roitelet proprement dit, voici la description de son plumage. Le dos est verdâtre, le ventre gris clair, la gorge blanchâtre; le milieu du sommet de la tête est surmonté d'une petite huppe d'un jaune safran, avec les côtés d'un jaune d'or, limités par une raie noire; les ailes sont traversées par une bande claire. Tandis que l'oiseau que nous avons chez nous et que nous voulons appeler Roitelet, a le dos brun roux avec des raies noirâtres, le ventre brun roux clair et tout le reste du corps est nuancé de ces couleurs. On rencontre cet oiseau dans toutes les contrées de l'Europe.

Voici, à ce que l'on raconte, comment le Roitelet a hérité de ce nom :

A une époque bien éloignée, et alors que les dieux de l'Olympe étaient dans toute leur puissance, les oiseaux voulurent se donner un roi. Ne pouvant s'accorder sur le choix du sujet, Jupiter les convoqua sur le mont Olympien, et il fut décidé que la couronne serait décernée à celui qui s'élèverait le plus haut dans les airs. Le jour de la lutte arrivé, tous les oiseaux se trouvèrent réunis au rendez-vous commun. L'heure si impatiemment attendue a sonné enfin : Jupiter donne le signal. Tous les oiseaux s'envolent à la fois, et pendant un moment les rayons du soleil demeurent obscurcis de cette nuée formidable d'oiseaux. L'aigle est celui qui les domine tous ; il s'élève, il s'élève toujours, jusqu'à ce que, harassé de fatigue, ses ailes ne peuvent plus franchir d'espace. Jupiter allait proclamer le vainqueur, lorsqu'on aperçut au-dessus de l'aigle un tout petit oiseau, à peine visible, qui continuait à s'élever dans les régions inconnues. C'était notre petit oiseau qui, se sentant incapable de lutter avec avantage, avait joint la ruse à son peu de force. Au moment où l'aigle prenait son essor, notre petit oiseau s'était posé tout doucement sur son dos, et il ne quitta cette place que lorsqu'il comprit que l'aigle ne pouvait plus monter. Jupiter sourit de la ruse du petit jouteur, et il lui aurait peut-être confié le pouvoir ; mais comprenant qu'il ne pouvait donner aux oiseaux un roi si petit, il décerna à ce dernier la couronne, et la puissance et la majesté restèrent à l'aigle. C'est depuis cette époque que cet oiseau porte la couronne.

Nous disons donc que notre oiseau est plus modestement vêtu, mais ses mœurs et ses habitudes ne restent pas au-dessous du Roitelet. Outre les larves et les petits insectes qu'il détruit, l'hiver, en s'introduisant dans les trous des murs et des habitations ; l'été ou pendant les beaux jours en furetant du matin au soir sur les pommiers, les poiriers ou autres arbres fruitiers, c'est un oiseau qui égaie encore nos pauvres campagnards, lorsque l'hiver couvre la terre de son linceul de neige. Alors que tout se tait dans la nature, les animaux et les oiseaux, la voix du Roitelet seule se fait entendre et semble encourager l'homme à attendre patiemment la belle saison. Sa gaieté, sa vivacité ne l'abandonnent jamais ; il a tellement de confiance en l'homme qu'il vient presque bâtir son nid dans sa demeure. Ce nid est un petit chef-d'œuvre : il s'harmonise si bien avec ce qui l'environne qu'il est bien difficile à une personne inexpérimentée de le découvrir. Il niche deux fois par an, au mois d'avril et au mois de juillet ; chaque couvée est de six à huit œufs, qui sont couvés tour à tour par le mâle et la femelle. L'incubation dure treize jours ; les petits sont nourris par les parents avec des larves et des insectes à corps mou, et de petites graines de temps en temps. Ils ne les abandonnent que longtemps après la sortie du nid.

Ainsi, mes enfants, malgré le petit volume de son corps, cet oiseau nous est d'une grande utilité : la force de son bec ne lui permet pas de chasser les insectes revêtus de ces dures carapaces ; mais il chasse pendant toute l'année les larves des petits insectes dont nous avons parlé dans notre leçon et les insectes mêmes qui causent de si grands dommages à nos vergers.

Donc, que ses services, joints à sa grâce, à sa gaieté et à sa gentillesse, nous le fassent aimer et considérer comme un des nombreux défenseurs de l'humanité.

Neuvième Leçon.

LES LONGICORNES ET LE GEAI.

I. *Les Longicornes*. — Nous voici arrivés à la famille qui renferme les plus beaux des Coléoptères de nos pays. Mais outre la beauté, nous trouvons encore réunies la grâce et l'élégance, chez tous les insectes qui composent cette nombreuse famille.

Presque tous les Longicornes ont des antennes d'une longueur extrême; c'est ce qui leur a valu le nom de Capricornes, par comparaison de leurs antennes aux cornes de la chèvre. La femelle les a toujours plus courtes que le mâle.

Tous les insectes de cette famille sont phytophages; on les trouve sur les fleurs et les arbres cariés.

Les larves de ces insectes sont de gros vers, longs quelquefois de 5 à 6 centimètres, d'une couleur blanc sale et armés de fortes mandibules qui leur servent à creuser de profondes galeries, soit dans les troncs et les branches des arbres, soit dans les tiges des plantes herbacées. Lorsqu'elles ont atteint leur complet développement, elles se construisent une coque avec des petites parcelles de bois qu'elles agglutinent, et dans cette coque elles se transforment en nymphes.

La tribu des Prionides renferme de grands insectes. Sous les tropiques, on en trouve qui atteignent parfois des grosseurs énormes, avec les couleurs les plus vives.

Les Prionides de nos pays sont bien peu de chose à côté de ces géants du monde des insectes. Cependant nous avons ici le Prione chagriné, long de 30 à 35 millimètres et de couleur acajou foncé, qui est un bel insecte. Il est placé le troisième, au premier rang des Longicornes de notre collection. Cet insecte se trouve sur les vieux chênes, les hêtres et les bouleaux, sous l'écorce desquels la femelle dépose ses œufs. La larve qui en sort reste pendant trois ou quatre ans enfermée dans une galerie, qu'elle continue à creuser pendant tout ce temps. Lorsqu'elle a acquis son complet développement, c'est-à-dire 5 ou 6 centimètres de long, elle se construit en terre une cellule où elle se transforme en nymphe; le printemps arrivé, elle sort insecte parfait.

Mais le plus beau de tous nos insectes est sans contredit le Capricorne héros, de la tribu des Cérambycides. Sa taille svelte et allongée, ses longues pattes effilées et ses antennes d'une longueur démesurée produisent je ne sais quelle émotion, lorsqu'on l'aperçoit pour la première fois. Sa beauté fait oublier un instant les dégâts considérables qu'il cause à nos forêts.

Ces Capricornes ne volent guère que le soir; ils restent cachés dans leurs trous pendant le jour. Cependant ils passent souvent la journée cachés sous les feuilles des chênes ou des cerisiers, qu'ils rongent tout l'été. Vers la fin du mois de juillet, la femelle dépose ses œufs dans la crevasse de l'écorce des vieux chênes, des hêtres, des bouleaux, etc. Aussitôt écloses, les larves se creusent des galeries sinueuses dans toutes les directions, ce qui met l'arbre dans un tel état qu'on ne peut s'en servir que pour le faire brûler. Ces larves restent dans le bois deux ou trois ans, puis elles se font une coque au moyen de petits fragments de bois, qu'elles agglutinent, et s'y transforment en nymphes; au mois de juin, elles sortent insectes parfaits.

Les pommiers, les poiriers, les cerisiers nourrissent un insecte du nom de Capricorne savetier, long de 20 à 25 millimètres, noir chagriné, qui a les mêmes mœurs que le Cérambyx héros.

Les Callichromes (mot qui veut dire : belle couleur) ne sont pas si gros que les précédents, mais ils ne le cèdent en rien pour la forme et la grâce de leur corps.

Ces insectes sont d'un vert métallique, et vivent sur les saules au bord des eaux; ils exhalent une odeur de rose qui se conserve très longtemps, surtout si on les prend à l'époque de la reproduction. Ces insectes sont surtout recherchés des priseurs de tabac, pour parfumer leur tabatière.

Les Clytus sont de petits longicornes, longs de 10 à 15 millimètres, mais qui n'en sont pas moins remarquables par l'éclat de leurs couleurs. Ces insectes se trouvent généralement dans les bois; ils sont noirs et portent sur leurs élytres jaunes des taches, des bandes ou des lignes flexueuses d'un noir brillant. Les Clytus à quatre points sont d'un noir olivâtre, avec trois ou quatre points noirs sur les élytres; on les trouve sur les fleurs, mais de préférence sur les Ombellifères.

Nous allons remettre à la prochaine leçon la suite de l'étude des insectes de la famille des Longicornes pour étudier un des oiseaux qui fait une chasse continuelle à ces insectes : le Geai.

II. *Le Geai.* — Le Geai est un oiseau essentiellement forestier; il quitte rarement les grands bois et on ne le voit jamais dans les plaines. Sa nourriture consiste en noisettes, glands, escargots, mais surtout en ces gros insectes phytophages dont nous avons déjà parlé dans nos précédentes leçons. Lorsqu'il est bien repu, il chasse les insectes, ou recherche d'autres aliments, dont il se nourrit, et les porte dans une cachette, qu'il a choisie, pour y déposer son épargne. Cette cachette est tantôt un vieux nid de pie, un nid d'écureuil, tantôt une cavité d'arbre. Les chênes que l'on voit pousser quelquefois sur les vieux châtaigniers, proviennent des glands apportés et oubliés par le Geai.

Le Geai est un oiseau voyageur qui dans ses migrations se dirige toujours de l'ouest à l'est et revient rarement au même lieu. Ainsi, tel qui niche cette année en France, aura son nid l'année prochaine dans les forêts de la Russie ou même de la Chine. Il paraît même que les années où le gland abonde le plus, cet oiseau se trouve chez nous en plus grand nombre. Son instinct semble développé à ce point de comprendre les époques où le chêne est abondamment couvert de fruits.

C'est au commencement du printemps que le Geai construit son nid, qu'il bâtit toujours sur un arbre. Ce nid se compose d'un matelas fait de petites racines d'herbes, tressées avec beaucoup d'art et reposant mollement sur une assise de brindilles sèches. La femelle y pond 5 à 7 œufs qu'elle couve pendant seize jours. Lorsque les petits sont éclos, les parents les nourrissent avec des chenilles d'abord, des vers, puis des insectes à corps mou, et enfin plus tard avec des Coléoptères.

Le Geai possède de brillantes facultés intellectuelles que l'on peut développer facilement, surtout lorsqu'il est pris jeune. Il y a près de vingt ans de cela, un de mes amis en avait acheté un, plutôt par pitié pour l'oiseau que par envie; l'idée lui vint de l'apprivoiser. La première éducation réussit parfaitement bien. Dès qu'il put voler, il lui fit une petite cabane dans un jardin, enclos assez vaste et garni d'arbres de toute espèce et où la liberté entière lui fut donnée. Il n'en abusa nullement; mais lorsque les premiers froids se firent sentir, il l'enferma dans sa chambre. Aux repas, il venait se poser gaîment sur son épaule et ne semblait nullement s'effaroucher par la présence des chats et des chiens. Mais peu de temps après,

mon ami vit disparaître une foule de petits
objets. Il ne comprit pas d'abord quel pouvait
être l'auteur de ces petits larcins, lorsqu'un
beau jour il vit notre oiseau prendre un porte-
monnaie, qu'il venait de placer sur la cheminée
de sa chambre, et l'emporter cacher derrière
une glace, où il trouva, entassés, les objets
qu'il avait vainement réclamés à ses parents.
Pour le punir, il le priva complètement de la
liberté; mais notre oiseau ne parut pas s'en
offenser.

Je dois vous dire, pour la clarté de ce qui
suit, que j'habitais en face de la maison de
mon ami.

A quatre heures, lorsque j'étais débarrassé
de mes élèves, il m'arrivait quelquefois de faire
un peu de musique et de répéter souvent le
morceau qui me plaisait le plus. Il y avait plus
d'un mois que notre prisonnier faisait péni-
tence, lorsqu'un beau soir j'entendis une voix
qui répétait l'air que je chantais. J'écoute et
ne tarde pas à comprendre que c'est le Geai de
mon voisin, qui a saisi l'air de ma romance
aussi facilement qu'une personne. J'en fus si
content que je priai mon voisin de lui rendre
la liberté.

A quelques jours de là, ma pauvre mère
était occupée dans sa cuisine, lorsqu'elle enten-
dit ces mots : mama, mama. Elle s'empresse
d'accourir croyant que c'était moi qui l'appelais;
mais jugez quelle fut sa stupéfaction lorsqu'elle
vit que c'était le Geai.

A partir de ce moment cet oiseau fut fêté de tout le quartier, et les bambins s'amusaient à lui apprendre des mots qu'il répétait très bien. Mais un beau jour il tomba dans l'eau et se noya.

Cet oiseau, à l'état domestique, apprend facilement à parler; libre, il imite le cri des animaux et le chant des autres oiseaux, tel que la pie, le pic, la pie-grièche, la grive, etc. Il s'approprie encore le miaulement du chat, le mugissement du bœuf, le hennissement des poulains, le bruit de la scie, etc. On peut dire enfin que cet oiseau possède au plus haut degré le talent de l'imitation.

Toutes ces qualités doivent suffire pour nous faire oublier quelques défauts qu'il peut avoir et le faire regarder comme un de nos auxiliaires.

Dixième Leçon.

LES LONGICORNES ET LA GRIVE.

I. *Les Longicornes.* — Il nous reste, pour aujourd'hui, à étudier les deux dernières tribus de la famille des Longicornes; ce sont les Lamiens et les Lepturiens.

La tribu des Lamiens est très riche en belles et grandes espèces, dans les régions tropicales; mais en Europe, nous avons peu d'insectes appartenant à cette tribu, et ceux que nous avons sont loin d'égaler la taille et le coloris de leurs congénères des pays chauds. Parmi les plus grands de ces insectes, nous avons le Lamie tisserand, qui atteint de 20 à 30 millimètres, il est d'un brun noir, presque mat, à pubescence grise; ses élytres sont parsemés de quelques taches fauves. Cette espèce est assez répandue dans nos contrées; on la trouve sur les saules, dans l'intérieur desquels vit sa larve.

Les Morymes sont des insectes nocturnes appartenant à la tribu des Lamiens, ils vivent sur les cyprès, les figuiers, les peupliers et les saules; on les reconnaît à leur couleur triste et sombre. Le Moryme lugubre, long de 25 à 30 millimètres, est noir, à élytres chagrinés; il vit sur les peupliers et les saules. Le Moryme funeste est un peu plus petit que le précédent, et porte sur ses élytres quatre taches d'un noir velouté; on le trouve sur les figuiers et les cyprès.

Vous connaissez tous ce petit insecte noir, aux élytres blanchâtres, qu'on trouve à chaque pas, au printemps, sur les routes. C'est une espèce de Moryme à antennes plus courtes et qu'on appelle Dorcadion.

Le plus remarquable des insectes de ces diverses tribus est l'Astynome édile, dont les antennes sont quelquefois trois fois plus longues que le corps. On le trouve dans nos contrées, mais rarement, au mois de mai, sur des tas de bûches de pins. Sa larve s'est développée dans le bois de ces arbres, qu'elle a labouré en tous sens. La beauté de cet insecte ne doit pas faire oublier le mal qu'il fait à ces arbres. Il est de 15 à 20 millimètres de long, couleur gris cendré, et à quatre tubercules jaunes sur le corselet.

Les Agapanthes appartiennent aussi à la tribu des Lamiens. Les larves de ces insectes occasionnent des dégâts considérables à nos récoltes. Ainsi l'Agapanthe grêle, que nous appelons vulgairement Aiguillonnier, est un fort joli capricorne, mais des plus nuisibles. Il a de 8 à 10 millimètres de long, brun noir, à pubescence d'un cendré jaune, ce qui lui donne une couleur verdâtre; il a des antennes fort grêles et très longues. La femelle dépose ses œufs sur la tige du blé, près de l'épi; aussitôt sortie de l'œuf, la larve se met à ronger l'intérieur de la tige, près de l'épi, ne laissant que l'épiderme, de sorte que lorsque les blés commencent à jaunir, l'épi tombe au moindre souffle. La larve continue de ronger l'intérieur du tuyau, en descendant jusqu'à 4 ou 5 centimètres au-dessus du sol. Or, comme on coupe toujours les blés à 15 ou 20 centimètres, il s'ensuit que la larve n'est nullement inquiétée dans son habitation et qu'elle peut très bien y passer l'hiver, pour en sortir au printemps insecte parfait et aller continuer ses ravages. La femelle a soin de ne déposer qu'un seul œuf sur chaque tige; mais comme elle pond plus de deux cents œufs, il s'ensuit que deux cents tiges de blé, au moins, seront détruites par ce petit insecte. Le blé tardivement semé n'en est pas attaqué.

Les Saperdes ressemblent beaucoup aux précédents, mais elles sont peut-être plus longues : la Saperde Requin, par exemple, longue de 20 à 25 millimètres, est de couleur jaunâtre. Cette espèce se trouve sur les peupliers et y cause des dégâts considérables. La femelle dépose ses œufs dans les gerçures de l'écorce de ces arbres, et dès qu'elles sont nées, les larves s'enfoncent dans le bois, pénètrent jusqu'au cœur de l'arbre et restent là pendant deux ans. Cet insecte s'en prend surtout aux peupliers qui n'ont pas plus de cinq ou six ans.

Enfin, dans la dernière tribu des Longicornes, dans les Lepturiens, on trouve la Ragie mordante, qui vit sur les chênes ; elle a de 15 à 18 millimètres, et est de couleur noire, à pubescence jaune, formant de nombreuses taches sur les élytres, avec deux bandes transversales. La Ragie inquisiteur, à peu près semblable à la précédente, se trouve sur les chênes. Sur les fleurs de nos jardins, nous rencontrons souvent la Lepture hastée, longue de 15 millimètres environ, avec les élytres d'un beau rouge et une tache noire sur la suture, en forme de lance renversée.

Il nous resterait encore à étudier plusieurs genres de ces diverses tribus ; mais comme ils manquent dans notre collection, nous les étudierons au fur et à mesure que nous les rencontrerons dans nos chasses.

Tous les insectes de cette famille causent des dommages considérables à nos forêts, et beaucoup à nos récoltes; leur beauté ne doit pas nous faire oublier que nous avons en eux de redoutables ennemis, qu'il faut détruire par tous les moyens possibles. Pour nous aider dans notre œuvre, prenons avec nous la Grive, oiseau véritablement chasseur, dont l'étude terminera notre leçon.

II. *La Grive.* — Cet oiseau est assez connu de vous tous pour qu'il soit besoin de faire la description de sa robe. C'est un oiseau qui quitte rarement les bois, vivant dans les pays les plus divers et au milieu des conditions les plus variées. Ici aujourd'hui, demain ailleurs, la Grive n'a pas de demeure bien fixe; c'est un oiseau excessivement voyageur. « Certaines d'entre elles, dit Naumann, sont venues chez nous en petit nombre et ont semblé ne plus oser s'en retourner d'où elles étaient parties. Elles se sont reproduites, elles ont élevé leurs petits sur la terre étrangère. Nous sommes surpris en songeant aux distances considérables qu'elles ont dû parcourir et au peu de temps qu'elles ont employé à faire ce chemin, à surmonter ou à tourner les obstacles qui s'opposaient à leur passage. » Mais il paraît que pendant leur voyage rien ne peut les arrêter : les montagnes et les glaciers même leur fournissent un refuge. Il n'y a que les tempêtes qui leur fassent perdre la route qu'elles se sont tracées, mais c'est excessivement rare.

Les grives sont des oiseaux doués d'un merveilleux instinct; elles sont gaies, alertes, et

ont un chant très agréable. Leur vol semble
lourd quand elles commencent à s'élever, mais
dès qu'elles sont à une certaine hauteur, elles
fendent rapidement les airs. Les sens de ces
oiseaux sont très développés; elles aperçoivent
les insectes de très loin, et elles entendent venir
leurs ennemis d'une grande distance. Elles sont
intelligentes au point de savoir détourner le
lacet que le chasseur leur a tendu, si ce lacet
n'a pas été bien dissimulé. Dans les forêts, ce
sont de véritables sentinelles et maints oiseaux
leur ont dû la vie.

Les grives ne peuvent guère vivre seules, et
dès qu'une a poussé le cri d'alarme, toutes
répondent en se sauvant. Malgré cet instinct de
sociabilité, elles sont toujours à se disputer;
souvent elles se joignent à d'autres oiseaux,
mais ne restent pas longtemps ensemble. Elles
ont peu de confiance en l'homme; lorsqu'elles
l'aperçoivent, elles se tiennent sur le qui-vive
jusqu'à ce qu'elles comprennent qu'aucun danger
ne les menace. Le pâtre est le seul être qui
n'effraye pas la Grive; on dirait qu'elle comprend qu'il est là pour surveiller ses moutons,
et non pour lui faire du mal: aussi on la voit
s'approcher sans crainte et fouiller le buisson
au pied duquel il est assis. Quelquefois elle se
mettra à chanter, perchée sur la branche placée
au-dessus de la tête même du pâtre. Ce chant
est assez mélodieux, mais un peu trop fort pour
les appartements.

Les grives se nourrissent d'insectes, de colimaçons, de vers de toute espèce ; en automne, elles se nourissent de baies, surtout de genièvre. Elles ramassent leur nourriture sur le sol, et consacrent chaque jour plusieurs heures à cette recherche. On les voit quitter les forêts et s'abattre sur les champs, les prairies, les bords des eaux ; courir çà et là et recueillir ce qu'elles trouvent sur le sol, ou fouiller, avec leur bec, les feuilles sèches. On les rencontre souvent dans les vignes au mois de septembre ou d'octobre, où elles vont chasser les petits insectes venus là, pour déposer leurs œufs dans les interstices de l'écorce des pieds de vigne. Il leur arrive quelquefois, poussées par la curiosité et peut-être par la friandise, de goûter aux raisins. C'est ce qui a fait croire à beaucoup de gens que la grive était un oiseau malfaisant. Les raisins qu'elle mange sont insignifiants, et elle est souvent victime de sa friandise, car on en trouve quelquefois étranglées par le grain qu'elles n'ont pu ingurgiter.

Le nid de la Grive est merveilleusement construit. Elle le place presque toujours à l'embranchement des poiriers, des pommiers sauvages ou des buissons. Ce nid est revêtu d'une large ceinture de mousse verte, et la coque est assez semblable à un verre à boire. Les parois sont très bien polies et construites avec une espèce de pâte faite avec des petits morceaux de bois pétris avec la salive de la Grive. La femelle y dépose cinq œufs, qu'elle couve alternativement avec le mâle. Les parents ont pour leurs petits la plus vive tendresse, et ils se montrent très inquiets quand on s'approche du nid qui les recèle. Ils les nourrissent d'insectes pendant trois semaines, après quoi les petits sortent du nid et vont chercher leur nourriture sous la surveillance de leurs parents. Au bout de quelques jours, ils les laissent livrés à eux-mêmes.

Onzième Leçon.

LES CARABIDES ET LA MÉSANGE CHARBONNIÈRE.

I. *Les Carabides.* — La plupart des naturalistes placent cette famille à la tête des Coléoptères. Mais, ainsi que je vous l'ai dit au commencement de mes leçons, nous étudions les Coléoptères selon notre désir de connaître tel sujet avant tel autre.

La famille des Carabides comprend des êtres d'un appétit vorace. Ces insectes sont robustes et très agiles; ils nous rendent d'immenses services en arrêtant la trop grande multiplication des phytophages. Dès les premiers jours du printemps, ces insectes font leur apparition, et ils ne nous quittent qu'à la fin de l'automne, lorsque l'approche de l'hiver vient ôter le mouvement et la vie aux insectes dont nous redoutons les ravages. Plusieurs même ne nous abandonnent pas entièrement pendant cette rude saison; ils hivernent, semblant ainsi former une arrière-garde pour assurer notre

tranquillité. dans le cas où la température
adoucie ferait paraître de nouveau les insectes
que le froid tient engourdis. La nature les a
multipliés relativement aux avantages qu'ils
nous procurent. Cette famille est la plus nombreuse des Coléoptères, et abonde dans les
contrées où la nature entretient un climat assez
doux pour permettre aux phytophages d'y vivre
et de s'y multiplier.

Les larves des insectes de cette famille vivent
sous la terre, et échappent ainsi aux recherches
des oiseaux qui se nourrissent de celles des
autres insectes. Elles se creusent avec facilité
des galeries d'une assez grande profondeur pour
se garantir des froids les plus rigoureux.

Les Carabiques sont aux insectes ce que les
carnassiers sont aux mammifères. En effet, ces
insectes, obligés de se nourrir aux dépens des
autres, sont continuellement en guerre. Ils
attaquent leurs ennemis de front s'ils se sentent
capables de les terrasser, ou ils se tiennent en
embuscade dans le cas contraire. De fortes
mandibules tranchantes ou aiguës, une force
étonnante dans les pattes, une agilité extraordinaire, tout enfin dans leur structure leur donne
un avantage réel sur leurs ennemis.

Nous voyons en tête de cette famille la tribu
des Cicindèles. Ce sont des insectes de formes
sveltes et élégantes, ornés le plus souvent de
couleurs métalliques très brillantes. Leur tête
est munie de gros yeux; leur bouche, puissam-
ment armée de mandibules, a presque la forme

d'une faucille. Ce sont les plus cruels des insectes, leurs pattes fines et allongées leur permettent d'atteindre les malheureux qui voudraient les éviter.

On trouve les Cicindèles dans les lieux sablonneux et secs exposés aux rayons du soleil, aux bords des ruisseaux; elles ont un vol rapide mais de courte durée. La plus répandue est la Cicindèle champêtre de 12 à 15 millimètres, insecte d'un beau vert, à reflets cuivreux, avec cinq points blancs sur les élytres. Il y a encore la Cicindèle hybride de 12 à 15 millimètres, qui se rencontre volant par saccade dans les bois sablonneux : elle est d'un bronze verdâtre; la Cicindèle forestière qu'on rencontre au bord des eaux, elle a de 15 à 18 millimètres et est d'un vert bronzé velouté, élytres rugueux marqués de blanc.

Il y a encore la Cicindèle à bande sinueuse et la Cicindèle germanique que nous ne connaissons pas encore. Il faut espérer que nous pourrons les recueillir dans nos chasses prochaines.

A l'état adulte ces insectes sont continuellement en chasse. Ils n'aiment guère la ruse et préfèrent attaquer leur ennemi en face, ou le forcer à la course. Mais il n'en est pas de même dans le premier âge. Leurs larves sont très voraces, mais leur organisation ne leur permet pas de lutter corps à corps, aussi préfèrent-elles la ruse à la force. On trouve la larve des Cicindèles, en été, dans les terrains sablonneux où elles se sont creusé des espèces de puits cylindriques. C'est un ver d'un blanc sale, long de 22 à 25 millimètres: il a la tête écailleuse, verdâtre, aplatie et plus large que le corps. Les moyens employés par cette larve pour s'emparer de sa proie sont curieux à observer.

« Après avoir labouré une portion de terrain
» avec ses pattes de devant, elle saisit la terre
» avec ses mâchoires et la place sur sa tête,
» puis emportant cette charge, elle la dépose à
» quelque distance du trou qu'elle a commencé.
» Elle continue à opérer de cette manière, et le
» trou, au bout de très peu de temps, se trouve
» assez profond pour cacher le corps entier de
» la larve. Elle poursuit son travail en descen-
» dant dans son trou la tête en avant, et emporte
» de temps en temps le sable qu'elle a détaché
» avec ses pattes et ses mâchoires. Elle emporte
» aussi les grains de sable et de petites pierres
» plus grosses que sa tête. Après avoir terminé
» son trou qui varie de 25 à 50 millimètres
» selon la grosseur de la larve, l'insecte va
» s'établir à l'entrée de son puits pour y guetter
» sa proie. A cet effet, la larve plie son corps
» en Z en appuyant son dos à la paroi et en s'y
» cramponnant au moyen des crochets du
» huitième anneau, puis elle replie sa large
» tête à fleur de terre, de manière à boucher
» complètement le trou. Dans cette position
» elle attend patiemment sa proie. Malheur
» alors à l'insecte imprudent qui passe sur cette
» bascule perfide! Elle cède sous lui, et il est

» précipité au fond du trou, où la larve-tigre
» descend pour se gorger de son sang. Elle
» remonte ensuite sur sa tête les débris coriaces
» de sa victime et les rejette au loin. »

Le moment de la métamorphose arrivé, la larve agrandit le fond de son trou, en consolide les parois et ferme l'orifice avec de la terre. Au bout de quelques jours, elle est transformée en nymphe luisante, un peu arquée. La peau dont elle est enveloppée est transparente, de sorte qu'on peut voir les nouvelles formes de l'insecte.

Mais abandonnons pour aujourd'hui les Carabides, et occupons-nous d'un oiseau qui rend encore à l'agriculture de plus grands services que les insectes dont je viens de vous parler : je veux dire la Mésange charbonnière.

II. *La Mésange charbonnière.* — Il y a plusieurs sortes de Mésanges, mais pour aujourd'hui nous ne nous occuperons que de la Mésange charbonnière ou grande Mésange, la plus grande de toutes. Elle a le dos vert olive, le ventre jaune pâle; le reste du corps est noir, les rémiges et les rectrices d'un gris bleuâtre. Les jeunes ont les couleurs moins vives.

Ces oiseaux se tiennent principalement dans les forêts; on les rencontre cependant quelquefois dans les grands jardins, surtout dans ceux qui sont entourés de pins ou de tout autre conifère.

C'est un oiseau d'une gaîté et d'une vivacité extraordinaires. Il saute et grimpe au milieu des branches, des buissons, des haies; il se montre à la cime de l'arbre, un instant après vous le voyez montrer la tête au pied de ce même arbre perché sur une petite branche. Il fouille un tronc d'arbre creux, il se glisse dans chaque trou, dans chaque crevasse, et cela avec un air qui approche du comique. Un chasseur se montre-t-il, il sait parfaitement l'éviter.

La Mésange ne se pose pas souvent à terre, elle est constamment perchée sur les arbres, et son vol ne s'étend pas bien loin. Elle se nourrit d'insectes, de leurs larves et de leurs œufs. Elle fouille sans cesse les arbres, et sait trouver les larves les plus cachées. Comme le Pic, elle frappe sur la branche jusqu'à ce qu'elle en ait détaché le morceau d'écorce sous lequel l'insecte est blotti; elle ne mange rien sans l'avoir préalablement découpé et divisé, et elle a ceci de commun avec le corbeau, qu'elle déchire sa proie avec son bec et en avale les petits morceaux. Lorsqu'elle est repue, elle chasse quand même; mais ne pouvant dévorer sa proie, elle la cache et sait la retrouver en temps utile.

Son nid est assez grossièrement construit. Il est placé presque toujours dans le creux d'un arbre ou dans les crevasses des murs; le fond est formé de paillettes, de petites racines, d'un peu de mousse, et le dessous est tapissé de plumes ou de laine. La femelle y dépose de huit à seize œufs que les parents couvent alternativement. Les petits éclos vivent longtemps encore sous la tutelle du père et de la mère. Lorsque ceux-ci comprennent que leur

éducation est complète, ils les abandonnent; et si
la saison le permet, ils font une seconde couvée.

On peut facilement faire des nids artificiels
de mésanges, pour attirer ces vigilants chasseurs dans une propriété ravagée par les insectes. Il suffit de placer, sur les branches des
arbres, de vieux sabots, percés d'un trou ou
d'autres nids artificiels, les mésanges ne tarde-
ront pas à venir y fixer leur domicile, et débarrasser la propriété de ses nombreux parasites.

Avis aux agriculteurs.

Douzième Leçon.

LES CARABIDES ET L'ALOUETTE.

1. *Les Carabides*. — La seconde tribu des
Carnassiers est composée d'insectes aussi puis-
samment armés que les Cicindèles.

Nous avons d'abord les Élaphres, dont le
corps est plus ramassé que celui des Cicindèles.
On trouve ces insectes sous les pierres, dans le
sable, au bord des eaux, et souvent sous les
feuilles sèches. Les Élaphres cuivreux et rive-
rains se trouvent dans la vase à demi desséchée
des mares ou des étangs. Ce sont des insectes
d'un vert bronzé, avec des séries de fossettes
violettes, enfoncées sur les élytres. Ce sont
des insectes qui n'ont pas plus de 6 à 7 millimètres de long, mais très voraces, et qui font
mourir beaucoup d'insectes nuisibles.

Parmi tous les insectes de la famille des

Carabides, ceux que vous connaissez le mieux
sont bien, sans contredit, les Carabes. Ces
insectes figurent au nombre des plus beaux
scarabées. Tous, en effet, sont remarquables
par leurs couleurs brillantes et leurs formes
élegantes.

C'est surtout dans les régions orientales qu'on
trouve le plus grand des Carabides. Dans la
Carniole et les pays voisins, on trouve des
Carabes qui ont jusqu'à 5 centimètres de long
(le Procère géant).

Nous avons dans notre collection un des plus
beaux carabes de nos contrées : c'est le Procuste
chagriné, que l'on trouve dans les vignes, les
bois et les champs. Sa larve chasse continuellement les limaçons, et ses redoutables mandibules lui permettent d'arrêter les plus gros
d'entre eux.

Mais les plus communs et les plus répandus
sont les Carabes dorés. C'est un des plus vigilants chasseurs de nos contrées. On le voit courir
sans cesse pendant l'été, dans les champs, dans
les jardins, étalant aux rayons du soleil ses
beaux élytres d'un joli vert doré. C'est l'ennemi juré du hanneton : il n'est pas rare, en
effet, de voir un Carabe ouvrir le corps d'un
hanneton, dévorer ses entrailles, tandis que la
pauvre victime fait vainement tous ses efforts
pour échapper à cet affreux supplice. Tous les
phytophages et les chenilles n'ont pas de plus
redoutable ennemi.

La larve de cet insecte vit cachée sous les

feuilles, sous les mousses ou sous les pierres, et passe tout le temps de son existence à chasser les insectes tel qu'à l'état d'insecte parfait. Lorsque le moment de la métamorphose approche, elle s'enfonce dans la terre et s'y transforme en nymphe. Peu de jours après, la peau qui recouvre cette dernière se fend sur le dos, et l'insecte parfait en sort. Mais les efforts qu'il a faits pour sortir de cette prison lui ont enlevé toutes ses forces, de sorte qu'il reste quelques jours sans se mouvoir. Ce temps lui est d'ailleurs nécessaire pour que son corps, d'abord mou et incolore, acquière la dureté voulue et les couleurs brillantes dont il est revêtu.

Mais voici l'insecte que les chenilles redoutent tant : c'est le Colosome Sycophante, l'un des plus beaux insectes du pays. « Son corselet » découpé en cœur est d'un bleu sombre, bordé » d'un bleu plus vif; ses élytres étincellent de » l'éclat de l'or le plus poli avec des reflets de » pourpre; son abdomen est bordé de noir et » de violet. »

La chenille processionnaire, qui cause tant de dégâts à nos forêts, n'a pas de plus terrible ennemi; le Colosome détruit tout ce qu'il rencontre sur une branche. Avec ses mandibules il a bientôt éventré un de ces vilains insectes, qu'il dévore complètement.

La larve de cet insecte est cauteleuse, d'où lui vient le nom de Sycophante. Voici ce qu'en dit le célèbre Réaumur.

« Ces vers gloutons savent se placer à mer-

» veille pour que la proie ne leur manque pas :
» ils savent trouver le nid des processionnaires
» et s'y établir. Il m'est arrivé de défaire un
» nid de ces chenilles où j'ai rencontré quelques
» vers de cette espèce, et souvent j'y en ai trouvé
» cinq ou six. Là ils peuvent manger assurément
» autant qu'ils le veulent ; il n'y a pas de jour,
» apparemment, où chacun d'eux ne fasse périr
» un bon nombre de ces chenilles ou de leurs
» chrysalides, car ils continuent à se tenir dans
» le nid des processionnaires après qu'elles se
» sont transformées en chrysalides. »

Pour terminer la leçon, parlons de l'alouette.

II. *L'Alouette.* — C'est un des oiseaux que
nous devrions défendre le plus, et c'est un de
ceux que l'on chasse avec le plus d'acharnement.
L'été comme l'hiver, il est sans cesse persécuté
pour satisfaire l'appétit de quelques gourmets.
Pour vous donner une idée du nombre considérable d'alouettes qui se détruisent dans une
année, qu'il vous suffise de savoir que **Paris** seul
en consomme plus de 1,500,000. Si l'on ajoutait
à ce chiffre celles qui se consomment dans les
principales villes de France, pendant les quatre
ou cinq mois que dure cette chasse, nous
arriverions à un chiffre colossal. L'alouette
n'est pas seulement chassée par l'homme, les
petits oiseaux de proie et surtout le hobereau
lui font une guerre continuelle et détruisent
beaucoup de couvées dans l'année.

Dès que l'aurore commence à paraître,
l'alouette commence sa chanson, comme pour

avertir le laboureur qu'il est temps de prendre la charrue et ses bœufs. Dès que le soleil se montre à l'horizon, notre oiseau s'élève dans les airs et semble saluer le jour. C'est un oiseau chanteur par excellence, qui ne cesse durant tout le jour de faire entendre sa jolie voix. Il arrive souvent, en été, alors que le ciel est serein, d'entendre bien haut dans les airs le refrain joyeux de l'alouette. On a beau chercher à découvrir l'oiseau, impossible, il est perdu dans l'espace. Mais tout à coup on le voit descendre presque perpendiculairement, toujours en chantant, et venir s'ébattre non loin de sa couvée.

L'alouette est l'emblème de la vigilance. Aussi lorsque César eut conquis la Gaule, il forma une légion de Gaulois à laquelle il donna le nom d'Alouette *(Alauda)*. Ces soldats, sous les ordres de ce chef redoutable, devinrent invincibles.

C'est un oiseau toujours en mouvement, voletant et courant tantôt d'un côté, tantôt de l'autre, se disputant sans cesse avec ses semblables, mais ne cessant pas pour cela de chanter. La querelle finie, l'alouette s'élève presque verticalement dans les airs, ou va se percher sur une motte de terre, une pierre ou un buisson, rarement sur un arbre élevé. L'hiver met fin à ces querelles.

Dès le commencement de mars, les alouettes commencent à bâtir leur nid. Elles le placent ordinairement dans les champs de blé; on en trouve cependant dans les prairies, les marais. Le nid est construit dans une dépression du sol, derrière une motte de terre; la femelle aidée par le mâle y porte des racines, des brins d'herbes sèches et des crins, dont elle garnit l'intérieur. La première ponte se fait en mars, si le temps n'est pas trop froid; elle est de cinq ou six œufs, qui sont d'un vert jaunâtre ou d'un blanc rougeâtre, semés de points et de taches, d'un gris brun ou grises. C'est à la femelle qu'incombe le travail de l'incubation; le mâle n'y prend part que lorsque la femelle va chercher la nourriture. Les alouettes nourrissent leur jeune famille avec quelques-uns des insectes dont nous avons parlé, mais elles ne les chassent que lorsqu'elles n'en trouvent pas d'autres, comme si elles comprenaient qu'elles détruisent des amis, qui, de même qu'elles, rendent à l'homme d'éminents services. Les parents veillent constamment sur leurs petits et ont pour eux les plus grands soins. Cependant le hobereau dont je vous ai déjà parlé, les effraie terriblement. Dès qu'il se montre, elles cessent leur chant et se tapissent sur le sol, de manière à s'effacer autant que possible. Celles qui étaient à une grande hauteur, s'élèvent encore plus haut, en poussant des cris d'effroi, pour avertir celles qui n'auraient pas encore aperçu ce redoutable rapace. Ces pauvres oiseaux ont tellement peur de leurs ennemis, mais surtout du hobereau, que lorsqu'elles le voient, elles vont se réfugier jusque près de l'homme, qui cependant n'est guère plus clément pour elles.

S'il vous arrive de trouver un nid d'alouettes soit dans vos champs de blé, soit dans vos prairies, ne les effrayez pas et veillez à ce que personne ne leur fasse de mal. Que ces pauvres petits oiseaux trouvent, pendant leur triste et courte existence, au moins une main d'ami qui les protège!

Treizième Leçon.

LES CARABIDES ET LA MÉSANGE BLEUE.

I. *Les Carabides.* — Il nous reste encore à voir dans cette famille les Bombardiers ou Brachines, les Chlénies, les Féronies, les Harpaliens et enfin les Bembidoniens.

Les plus remarquables de tous ces insectes sont les Bombardiers. Ils ne peuvent, à cause de leur faiblesse, qu'attaquer des sujets proportionnés à leur taille. Mais nous voyons dans ces insectes combien la nature varie dans les moyens de défense qu'elle a donnés à ces petits êtres. Si parfois vous voulez les saisir, vous entendez un feu croisé de petites explosions qui leur sortent de l'anus, sous la forme de fumée blanche. Cette vapeur, d'une odeur pénétrante, produit sur la peau des taches semblables à celles que ferait l'acide nitrique. Pendant la nuit ces crépitations sont accompagnées d'une lueur phosphorescente.

C'est sous les pierres des champs, que l'on trouve ces petits insectes réunis **en** société. Ils

ont la tête et le corselet rouge et les élytres
verts ou bleus.

Il arrive souvent que ces pauvres petits innocents sont poursuivis par de gros coléoptères
qui, vu leur faiblesse apparente, croient facilement en avoir raison ; mais lorsqu'ils sont sur
le point de les atteindre, nos Bombardiers
s'arrêtent et lâchent leur bordée à la tête des
assaillants. Ceux-ci sont de suite arrêtés, suffo-
qués, et avant qu'ils se soient rendus compte de
le situation, nos petits insectes ont eu le temps
de se sauver.

Ces explosions sont dues à une glande ren-
fermée dans l'abdomen, et qui sécrète une
liqueur extrêmement volatile. « L'insecte, en se
» mettant en défense, projette au dehors le
» liquide par la contraction de ses muscles
» abdominaux, et, à peine au contact de l'air, le
» liquide se volatilise en produisant une explo-
» sion énergique. »

Les Chlénies sont de petits insectes qui ont
les élytres verts bordés de jaune. Ils habitent
le bord des eaux, et lorsqu'on veut les saisir,
ils laissent échapper une odeur d'alcali qui dure
assez longtemps.

Les Féronies sont des insectes excessivement
chasseurs que l'on rencontre, soit dans les
champs, soit sur les routes, toujours en quête
d'une proie. Ce sont des insectes qui, par leur
couleur sombre, se dérobent facilement à l'œil
de l'observateur. Quelques-uns sont cependant
revêtus de couleurs qui, aux rayons du soleil,
étincellent comme de l'or.

Plusieurs savants ont prétendu que certains Féroniens causaient de grands dommages aux plantes. Par exemple, la larve du Zabre bossu ne se rencontre que sur les tiges des végétaux. Le jour elle se tient cachée au pied de la tige, et la nuit elle sort de son trou et se met à parcourir les plantes en tous sens pour les débarrasser des insectes qui sont venus s'y réfugier. Jusqu'ici on n'a pas trouvé d'insectes qui fussent carnassiers et herbivores tout à la fois.

Les Harpaliens sont très nombreux et, malgré leur petite taille, ce sont d'infatigables chasseurs qui nous rendent de grands services en débarrassant nos plantes des petits phytophages, que les gros scarabées dédaignent de chasser.

Tous ces insectes vivent en terre; on les trouve dans les champs, dans les bois, sur les routes, et même quelquefois dans les villes.

Enfin, le groupe des Bembidoniens, qui termine la famille des Carabides, se compose d'insectes tout petits, parés d'assez belles couleurs, et qui vivent dans les endroits humides, mais surtout au bord des mares et des étangs.

Il y a dans ce groupe un genre d'insectes qui sont privés d'yeux; on les appelle pour cela les Anophthalmes. Ces insectes vivent dans les lieux les plus sombres, ou enfouis dans la boue.

La famille des Carabides n'est donc composée que d'insectes carnassiers qui rendent à l'agriculture d'éminents services. Nous devons les considérer comme les auxiliaires de l'homme, et bien nous garder de les écraser lorsque nous les rencontrons sur les routes et dans les champs.

Mais ces insectes ont aussi leur ennemi parmi les oiseaux. Une espèce de mésange leur fait la chasse, mais seulement en temps de disette : c'est la mésange bleue dont je vais vous faire connaître les mœurs.

II. *La Mésange bleue.* — « C'est un petit » oiseau qui a le dos verdâtre, la tête, les ailes » et la queue bleues, le ventre jaune, le sommet » de la tête entouré par une raie blanche qui » part du front et se dirige vers l'occiput, les » joues blanches, le cou bleuâtre ; les rémiges » d'un noir ardoisé, avec l'œil brun foncé, le » bec noir et blanc sale sur les bords, les pattes » d'un gris plomb. »

On trouve cet oiseau dans les petits bosquets, les champs et les jardins, mais jamais dans les forêts de pins. Au printemps ces mésanges vivent par paires, et en été par familles. Lorsque l'automne arrive, elles entreprennent des voyages plus ou moins étendus.

Ce sont des oiseaux excessivement peureux et qui ne s'aventurent guère dans les plaines. Ils suivent toujours la lisière des bois, les arbres, et font de grands détours pour ne pas s'en éloigner Si, cependant, ils sont contraints d'abandonner les lieux où ils sont établis, on les voit sauter d'abord de branche en branche, en criant et voletant ; puis quelques-uns s'élevant, dans les airs, font mine de s'en aller, puis reviennent décider ceux qui restent, et enfin, à un moment donné, tous s'envolent à tire-d'aile. Mais si, à ce moment, on lance son mouchoir en l'air, ou que l'on pousse un cri, toutes ces mésanges se laissent tomber sur l'arbre ou le buisson le plus voisin. C'est que dans ce mouchoir que vous avez lancé, ou dans le cri que vous avez poussé, elles ont cru reconnaître un persécuteur. Elles n'osent jamais s'aventurer dans un lieu découvert, comme si elles comprenaient qu'elles volent trop mal pour pouvoir se soustraire à un ennemi. Lorsqu'elles ont à traverser un grand espace, elles s'élèvent dans les airs à une telle hauteur que c'est à peine si on peut les apercevoir, mais on entend leur cri d'appel.

La mésange bleue ne se nourrit que d'insectes ou de larves; elle chasse avec beaucoup d'ardeur et fait disparaître un nombre considérable d'insectes nuisibles; elle ne touche à ceux dont nous venons de parler que lorsque les autres lui font défaut.

Cet oiseau construit son nid dans un tronc d'arbre creux. Il arrive quelquefois que le lieu qu'il s'est choisi, lui est disputé par d'autres oiseaux qui convoitent le même domicile. Alors une lutte s'engage. La mésange se met dans une colère furieuse; on la voit, ses plumes hérissées, son corps tout en mouvement, fondre sur son adversaire et lui donner de vigoureux coups de bec, jusqu'à ce qu'il abandonne la place. Il lui arrive de lutter quelquefois avec des ennemis beaucoup plus forts qu'elle, mais elle déploie une telle énergie, une telle ardeur, qu'elle sort presque toujours victorieuse de la lutte.

Enfin, débarrassée de son ennemi, la mésange dispose son nid d'après la grandeur de la cavité, et elle le forme de plumes et de poils. Chaque couvée se compose de huit à dix œufs, petits, blancs, semés de points couleur de rouille. Au commencement du printemps, le mâle cherche à captiver sa femelle par de gracieux mouvements, et des gazouillements continuels qu'il fait entendre, en sautillant à travers les branches, se balançant à l'extrémité des rameaux, s'élançant de la cime d'un arbre à un autre, souvent éloignés d'une dizaine de mètres, en planant les ailes immobiles, le plumage hérissé, ce qui le fait paraître bien plus gros qu'il ne l'est réellement.

Le mâle et la femelle couvent alternativement et élèvent en commun leurs petits qu'ils nourrissent de larves et d'insectes à corps mou. Vers le milieu du mois de juin la première couvée prend son essor, et la seconde, vers la fin de juillet ou au commencement du mois d'août.

Quatorzième Leçon.

LES CHRYSOMÉLIDES ET LES FAUVETTES.

I. *Les Chrysomélides*. — Les insectes qui composent cette famille sont très nombreux et sont reconnaissables à leur corps presque rond, une petite tête et des antennes de longueur médiocre. Les Chrysomélides sont phytophages, et quelques-unes nous causent de grands dégâts, surtout à l'état de larves. En général, les larves de ces insectes vivent à découvert, rampant péniblement sur leurs pattes pour passer d'une feuille à l'autre.

La première tribu des Chrysomélides comprend les Donacies. Ces insectes habitent en général le bord des eaux, sur les plantes aquatiques dans les tiges desquelles les larves se développent. Ces larves sont blanchâtres, avec les pattes très fortes, et deux crochets à l'abdomen avec lesquels elles se cramponnent aux plantes lorsque les eaux sont agitées. Lorsqu'elles sentent approcher le moment de leur transformation en nymphes, elles se construisent une coque brune, faite d'une espèce de toile, ou plutôt de parchemin imperméable qu'elles collent contre les racines des plantes aquatiques. Elles passent là tranquillement l'hiver, et lorsque le printemps arrive, elles rongent la paroi supérieure de leur prison et sortent insectes parfaits. Ils sont d'une forme élégante et revêtus souvent de belles couleurs.

Les Nénuphars, les Sagittaires et les Hydrocharis nourrissent habituellement ces insectes. La Donacie du Sagittaire, longue de 8 à 10 millimètres, est d'un beau vert métallique; la Donacie du Nénuphar, plus petite, est d'un bronzé rougeâtre; la Donacie soyeuse est tantôt bleue, tantôt pourpre, tantôt verte. Ces jolis insectes passent leur journée étendus sur les tiges des plantes lorsque le temps est couvert, et s'envolent à quelque distance du rivage lorsque le soleil montre ses rayons.

Vient ensuite la tribu des Criocères. Vous connaissez tous le Criocère du lis, ce gentil insecte qui ressemble à une goutte de sang qu'on a laissé tomber sur le pétale de la fleur d'une blancheur éclatante.

Ces petits insectes doivent leur nom au bruit qu'ils font entendre lorsqu'on les saisit, et qui est sans doute produit par le frottement de la poitrine contre le corselet.

Les larves de ces insectes sont loin d'être aussi belles, mais elles n'en sont pas moins intéressantes par l'instinct curieux qu'elles ont pour se préserver de leurs ennemis. Ces larves molles, nues, exposées à l'air, deviendraient donc facilement la proie des oiseaux, si la Providence ne les avait pourvues d'un moyen de défense des plus singuliers. L'ouverture anale de ces insectes, au lieu d'être placée, comme elle l'est généralement, sous le corps, se trouve au contraire dessus. De sorte que lorsque les excréments sortent, ils s'arrêtent sur son dos et forment une couche plus ou moins épaisse, qui couvre en entier le corps. Si par hasard on vient à lui enlever ce dégoûtant manteau, on la voit de suite se mettre à manger avec avidité pour pouvoir s'en fabriquer vite un nouveau.

Le Criocère de l'Asperge est d'un bleu d'acier, avec le corselet rouge et quatre taches d'un jaune clair sur chaque élytre. Cet insecte se trouve dans les champs d'asperges, et sa larve a les mêmes mœurs que la précédente.

Le Criocène mélanope est d'un bleu d'acier.

à corselet et pattes jaunes : on le trouve sur les
feuilles de l'orge et de l'avoine dont elles se
nourrissent. Sa larve se couvre également de
son excrément.

Les Clythres, troisième tribu des Chrysomélides, sont cylindriques et de couleur jaune,
avec des taches noires. On les trouve sur les
noisetiers, les bouleaux, les chênes. Le fourreau
que ces larves se construisent est à trois côtes,
formé avec des côtés en chevrons entrecroisés.
« La matière dont ces fourreaux sont formés,
» n'est autre chose que l'excrément de la larve,
» qu'elle-même façonne avec ses mandibules, et
» qui se convertissent par la dessiccation en une
» substance noire ou brune, sèche et friable.
» Le fourreau n'a qu'une ouverture par laquelle
» la larve fait sortir sa tête et ses pattes. Le
» reste du corps est renfermé dans le fourreau
» et recourbé en arc, ce qui lui permet de se
» maintenir, sans adhérence, dans ce fourreau,
» qu'elle traîne avec elle sur les feuilles des
» arbres; on trouve parfois ces larves dans les
» fourmilières, vivant en bonne intelligence
» avec les fourmis; mais on ne sait encore rien
» sur les services réciproques qu'elles peuvent
» se rendre. »

Arrivée au terme de son développement, la
larve cherche un abri, soit sous une pierre,
soit sous une écorce et ferme l'ouverture de
son habitation. Puis elle prend une position
tout opposée à celle qu'elle avait d'abord; et
lorsque le moment de la métamorphose arrive,

elle ronge la partie inférieure du fourreau, et sort insecte parfait.

Nous allons remettre l'étude des insectes de la famille des Chrysomélides à une prochaine leçon, et terminer celle-ci par l'étude de la Fauvette des jardins.

II. *La Fauvette des jardins*. — On distingue neuf sortes de Fauvettes, qui toutes ont des mœurs différentes. Huit seulement habitent nos pays. Nous ne nous occuperons que de celles-ci à mesure que nous trouverons les insectes, pour lesquels elles ont des préférences particulières, et que, pour ce motif, elles chassent avec plus de vigueur. Aujourd'hui nous allons commencer par la Fauvette des jardins, qui chasse si bien les insectes qui ont fait le sujet de notre leçon.

Cet oiseau mesure 17 centimètres de long, y compris la queue, qui en a 7, et 27 centimètres d'envergure. La face supérieure du corps est d'un gris olivâtre, et la face inférieure est gris-clair, avec la gorge et le ventre bleuâtre; les ailes et la queue sont brunes; le bec et les pattes gris-plomb.

La Fauvette des jardins se rencontre également dans les forêts où elle va chasser les insectes, lorsqu'elle n'en trouve pas assez dans les jardins, mais elle choisit de préférence ces derniers lieux. Pas un arbre, pas un buisson qui ne soient fouillés et refouillés, plusieurs fois par jour, par ce gentil oiseau. Aussi on comprend vite, aux arbres fruitiers d'un verger, le voisinage de la fauvette; pas une feuille n'est rongée, pas un fruit n'est avarié; cet oiseau s'est rendu maître des insectes dévastateurs.

La fauvette des jardins aime beaucoup la solitude et le silence quoique active et toujours en mouvement. Les autres oiseaux ne sont jamais inquiétés par elle; elle a assez de confiance en l'homme pour ne pas le fuir. De même que les autres fauvettes, à peine si elle sait marcher sur le sol, tandis qu'elle est des plus habiles à sauter sur les branches. Elle vit beaucoup plus sur les arbres que dans les buissons. et souvent on la voit voler d'un arbre à l'autre, parcourant ainsi d'assez longues distances, filant droit devant elle. « C'est un de nos » meilleurs oiseaux chanteurs. Ainsi au prin- » temps, dès que le mâle arrive, on entend » retentir son chant, aux notes douces, flûtées, » dont les longues mélodies se suivent lentement » sans interruption ; il chante depuis son » arrivée jusque vers la Saint-Jean. Ce n'est » qu'au milieu de la journée, alors qu'il relaye » sa femelle et couve, qu'il se tait; tout le reste » du temps, il fait retentir la forêt de sa voix. » Le matin, au crépuscule, il chante en se » tenant immobile sur une haie ou sur un » arbre. Le reste de la journée, c'est en fouillant » les arbres, en sautant de branche en branche, » pour chercher sa nourriture, qu'il se fait » entendre. Son chant est, de tous les chants de » fauvette que je connais, celui dont la mélodie » est la plus longue; il a quelque analogie avec

» celui de la fauvette à tête noire, et plus
» encore avec celui de la fauvette épervier, dont
» il ne diffère que par quelques notes plus
» douces, moins mélodieuses. »

Le nid de cet oiseau est très négligemment construit ; c'est à peine si les œufs peuvent se maintenir sur ces quelques brins d'herbe disposés en croix et lâchement appliqués sur les branches. Aussi il arrive souvent que le vent les renverse.

La Fauvette est très capricieuse dans le choix de l'emplacement où elle voudrait construire son nid : elle en commence quelquefois trois ou quatre sans en finir aucun, la moindre des choses suffit pour l'effrayer, et lui faire abandonner à jamais le nid qu'elle a commencé. Enfin, lorsqu'après tous ces tâtonnements, elle a fini par en achever un, elle y pond cinq ou six œufs. Le mâle couve pendant que la femelle est occupée à chercher sa nourriture. L'incubation dure environ quinze jours ; les petits sont nourris par les parents pendant quinze ou vingt jours, au bout desquels ils quittent le nid au moindre bruit qu'ils entendent au pied de l'arbre où ils sont cachés. Mais comme ils ne peuvent pas encore voler, ils sautillent de branche en branche avec une adresse étonnante.

Ainsi donc, mes enfants, si par hasard vous veniez à découvrir un nid de Fauvette dans vos jardins, considérez cela comme un bonheur, et soyez assurés que vos arbres fruitiers ne seront pas ravagés par la vermine.

Quinzième Leçon.

LES CHRYSOMÉLIDES ET LA FAUVETTE BABILLARDE.

I. *Les Chrysomélides*. — Nous terminons aujourd'hui l'étude des insectes de cette grande famille des Chrysomélides, qui nous aura tenu trois leçons. Il nous reste à voir pour aujourd'hui trois tribus qui sont les Cryptocéphales, les Eumolpes, et enfin les Chrysomélides proprement dites.

Les Cryptocéphales se reconnaissent à leur tête cachée dans le corselet, le corps petit, ramassé et les antennes filiformes, les couleurs brillantes. Nous donnons à ces insectes le nom de Gribouris; ils n'ont en général que 5 ou 6 millimètres, mais ils occasionnent de grands dégâts, quand ils se trouvent réunis en grand nombre dans une même contrée. Lorsqu'on veut se saisir de ces insectes, ils cachent leur tête dans le corselet, replient leurs pattes et leurs antennes et se laissent tomber; on dirait qu'ils sont morts. Leurs larves se métamorphosent à la manière des Clythres.

Les Eumolpes ont beaucoup de rapport avec les insectes de la tribu précédente, avec lesquels on les a souvent confondus. Ils s'en distinguent par leur tête qui est moins cachée dans le corselet, et le dernier article des antennes plus long que les autres.

Ces insectes causent de grands dégâts dans les vignes. Nous leur donnons ici le nom d'Écrivain, ailleurs on les appelle Cache-tête, ou Gribouri. Ce sont de petits insectes qui n'ont pas plus de 5 ou 6 millimètres de long, noirs ou bruns, couverts d'un duvet jaunâtre, à élytres ferrugineux, marquées de stries ponctuées. Ils paraissent au printemps, alors que les bourgeons de la vigne commencent à se développer; ils coupent les grains, rongent les feuilles, et tracent sur ces dernières des figures ayant la forme d'un I, d'un V, d'un A, d'un U, d'où leur vient le nom d'Écrivain qu'on leur a donné. La femelle dépose ses œufs en automne, au pied du cep; ces œufs éclosent peu de temps après, passent l'hiver en terre cachés dans l'écorce du pied de la vigne, et au printemps seulement elles sortent pour s'attaquer aux bourgeons.

En 1860 ces insectes firent de grands ravages dans le midi et la Bourgogne, et c'est vainement que jusqu'ici on a cherché le moyen de les détruire.

Enfin la tribu des Chrysomélides, dont le nom en grec signifie *pomme d'or*, renferme des insectes des plus belles couleurs. Il en est de dorés, de bleus, de violets, de verts, de rouges et de noirs.

Tous ces insectes vivent sur les plantes, et leur causent des dommages considérables. Pour se défendre contre les attaques des oiseaux, ils laissent suinter, par les pores, un liquide blanchâtre et fétide.

La Chrysomèle du peuplier, qui a de 9 à 11 millimètres, couleur vert foncé, élytres rouges avec un point noir à l'angle sutural, détruit presque entièrement le feuillage des peupliers. C'est la larve surtout qui fait le plus de mal. Elle ronge le parenchyme des feuilles, respectant les nervures, de sorte que de loin on dirait que le peuplier est enveloppé d'un tissu de dentelle. Lorsque le moment de la métamorphose arrive, la larve se fixe par l'extrémité postérieure, sa peau se fend, et la nymphe reste suspendue à la dépouille de la larve.

Le Galéruque de Calmar est une espèce de Chrysomèle qui met les ormes, certaines années, dans un état pitoyable. Les feuilles des arbres sont littéralement criblées de trous par les larves de cet insecte.

Le petit insecte que nous désignons vulgairement sous le nom de *Puce de terre*, s'appelle Altise. On lui a donné le nom de Puce de terre à cause des sauts considérables qu'il exécute.

Vous avez dû vous apercevoir qu'il arrive souvent que les choux, les navets, les radis, les capucines, que l'on sème au printemps, comme plantes potagères, ont leurs premières feuilles rongées. Si vous aviez pris la précaution d'examiner bien attentivement les revers des petites feuilles, vous auriez pu apercevoir la larve de l'Altise, commençant à creuser ses galeries tournantes. Dès les premiers jours du printemps, si le temps lui est favorable, la femelle pond ses œufs sur le revers des feuilles. Au bout de dix jours il en sort de petits vers qui se mettent immédiatement à manger la pellicule inférieure et pénètrent dans le pachyderme. Au bout de huit jours la larve a atteint son complet développement.

Elle s'enfonce alors dans la terre, tout près de la racine qui l'a nourrie, et s'y transforme en nymphe. Quinze jours après, cette nymphe se transforme en insecte parfait. Les Altises se rencontrent non seulement dans les jardins, mais encore dans les bois, dans les champs, et même dans la vigne où souvent elles causent de graves dommages.

Nous allons, si vous voulez, terminer la leçon par l'étude de la Fauvette babillarde.

II. *La Fauvette babillarde.* — Afin que vous ne confondiez pas les diverses espèces de fauvettes, je crois utile de vous donner la description de la robe de l'oiseau qui fait l'objet de cette leçon.

La Fauvette babillarde n'est pas tout à fait si grosse que celle que nous avons déjà étudiée. « Elle a le sommet de la tête gris cendré, le » dos gris brunâtre, les ailes brun noirâtre, » avec les couvertures bordées de cendré tirant » sur le roux; la face inférieure du corps blanche, avec des reflets d'un jaune rougeâtre sur » les côtés de la poitrine, la queue brune et les » pennes cendrées et bordées de blanc. »

Notre oiseau se plait beaucoup dans les jardins, et ne redoute nullement le voisinage de nos habitations. Elle veut établir son domicile tout près des villes, comme aussi on la rencontre souvent dans les forêts.

Voici ce que dit un grand ornithologiste :
« La Fauvette babillarde est un oiseau gai et
» charmant, jamais elle ne reste à la même
» place. Sans cesse en mouvement, vive, pétu-
» lante, elle se plaît à agacer les autres oiseaux
» et à jouer avec ses semblables. La présence
» de l'homme ne l'effarouche pas. Lorsque le
» temps est mauvais et humide, elle hérisse
».son plumage, qu'elle tient bien lisse d'ordi-
» naire. Elle saute agilement de branche en
» branche et disparaît rapidement à l'œil de
» l'observateur. A terre, par contre, elle est
» lourde et maladroite, aussi n'y descend-elle
» que rarement. » Son vol se fait avec saccade
et rapidité.

L'approche du danger lui fait jeter un cri
d'angoisse, qui est une sorte de glapissement.
Son chant n'est qu'une espèce de gazouillement,
assez harmonieux et différant beaucoup de la
mélodie que font entendre les autres fauvettes.

Le nid de la Fauvette babillarde est placé
généralement sur les buissons blancs, et assez
près de terre ; cependant quand elle niche dans
les jardins, elle le place quelquefois sur les
groseillers ou les buissons environnants, quelle
que soit l'espèce. Ce nid est fait avec des brins
d'herbe sèche, de la mousse, des feuilles sèches,
le tout très bien entrelacé et tapissé d'un fin
duvet. Cette fauvette fait ordinairement deux
couvées, rarement trois ; chaque couvée est de
quatre ou six œufs ovales, à coquille mince,
d'un blanc pur ou vert bleuâtre, et semés de
points d'un gris cendré, ou d'un gris violet, ou

brun jaune. L'incubation ne dure pas plus de treize jours, et elle est faite alternativement par le mâle et la femelle; les parents témoignent la plus vive tendresse à leurs petits, et si un péril vient à les menacer, ils les avertissent en poussant un cri d'alarme. Lorsque les fauvettes cherchent à s'accoupler, le moindre bruit les effraie; et alors même qu'elles ont commencé la ponte, si quelqu'un touchait aux œufs, elles abandonneraient le nid, et iraient ailleurs en recommencer un autre. Mais si les petits étaient éclos, rien ne les empêcherait de continuer à les soigner, et d'avoir pour eux les soins les plus bienveillants. Leur dévouement pour leur progéniture ne connaît pas de bornes; elles exposent souvent leur vie pour chercher à les sauver. C'est avec des petits insectes, ou des larves que les parents nourrissent leurs petits. On a calculé qu'un couple de fauvettes détruisait plus de cinq cents insectes par jour pour élever sa famille, d'où il suit que dans moins d'une année ce nombre s'élève à plus de cent mille.

On dit que la femelle du Coucou choisit de préférence le nid de ces fauvettes pour y déposer furtivement ses œufs. Le pauvre couple les couve et élève ces fils étrangers une fois éclos, comme il élève ses propres enfants. Il ne s'est point aperçu de la supercherie de l'oiseau trompeur, à qui les douceurs de la maternité sont encore inconnues.

Seizième Leçon.

LES DERMESTIDES OU CLAVICORNES ET LE POUILLOT.

I. *Les Dermestides*. — Les insectes qui composent cette famille se divisent en deux catégories bien distinctes. Les insectes nuisibles et les insectes utiles. Mais nous ne nous occuperons que des insectes nuisibles, laissant l'étude des insectes utiles pour des leçons ultérieures.

Ces insectes sont ainsi nommés parce que les derniers articles des antennes sont plus gros que les autres et forment comme une espèce de massue qui s'ouvre et ferme à volonté.

Il n'y a dans cette famille que les insectes de la tribu des Dermestides qui soient nuisibles. Il en est peu d'entre vous qui ne connaissent bien quelques-uns de ces insectes, surtout les Dermestes du lard, dont les larves rendent quelquefois ce comestible dégoûtant.

Tous les insectes de cette tribu nous causent de grands dommages malgré leur petite taille: ils rongent les fourrures, les peaux, même les chairs préparées. La plupart de ces insectes ont été transportés des pays étrangers par des navires chargés de lainages ou de fourrures; ils se sont acclimatés chez nous, au grand préjudice des marchands et des habitants.

Les Ombellifères nourrissent des insectes du nom d'Anthrène, qui font le tourment des conservateurs de musées et des marchands de fourrures. C'est un petit insecte couvert d'écailles colorées d'assez vives couleurs, mais qui, de même que celles des papillons, s'enlèvent au moindre attouchement et laissent voir à nu le corps de l'insecte, qui devient tout noir. C'est à l'état parfait qu'on trouve cet insecte sur les plantes ombellifères. Mais lorsque le moment de la ponte arrive, il s'introduit dans les maisons et dépose ses œufs sur les objets que nous conservons avec soin. L'Anthrène des musées attaque de préférence les collections d'insectes. Vous devez même vous rappeler les deux que je pris l'année dernière dans mes boîtes à papillons. Cet insecte n'a pas plus de 2 ou 3 millimètres de long, le corps noir, mais couvert d'une poussière roussâtre, avec trois bandes grises sur les élytres; il dépose ses œufs sur les corps des insectes, et lorsque les larves sont écloses, elles font des dégâts considérables. Ces larves sont surtout remarquables par la forme et la disposition singulière des poils qui recouvrent leur corps. Elles ont une longueur de 4 à 5 millimètres et sont plus épaisses vers l'extrémité supérieure; elles sont recouvertes, sur le dos et le ventre, de poils courts, mais plus longs en arrière et sur les côtés. Ces poils, terminés en forme de lance, se relèvent menaçants, lorsque l'insecte est inquiété, et s'agitent comme pour effrayer l'ennemi et se soustraire au danger. Ces larves se nourrissent là où elles se sont développées; et après avoir changé plusieurs fois de peau, elles se transforment en nymphes. Au printemps suivant, on les voit sortir à l'état d'insectes parfaits, et prendre leur essor pour aller à la recherche des Ombellifères sur lesquels ils puisent leur nourriture.

Les Mégatomes sont également très nuisibles aux fourrures et aux pelleteries. Ils ont environ 5 millimètres et sont d'un noir brillant, avec un point blanc au milieu de chaque élytre. Les larves de ces insectes ont à peu près les mêmes mœurs que les précédentes, mais leur corps est plus allongé et couvert de poils brun roussâtre et soyeux. A l'extrémité postérieure se trouve une touffe de poils roux aussi longs que la larve, et formant comme une espèce de pinceau horizontal.

Les Dermestes proprement dits sont les plus grands des insectes de cette tribu. Ils ont le corps long de 7 à 8 millimètres et la larve atteint jusqu'à 20 millimètres. Tous ces insectes se nourrissent, les uns sur les cadavres d'animaux épars dans la campagne, les autres sur nos provisions. Nous ne parlerons que de ces derniers.

Le Dermeste du lard est noir avec la moitié antérieure des élytres d'un gris roussâtre et marqué chacune de trois points noirs. Sa larve ressemble à un ver allongé, beaucoup plus étroit aux extrémités et hérissé de poils, et muni d'un tube charnu qui lui sert pour pousser en avant.

Le Dermeste renard, couvert d'une pubescence cendrée, a les mêmes mœurs que le précédent, et vit aux dépens des fourrures. Sa larve causa de si grands dégâts à Londres, il y a quelques années, qu'une somme très élevée fut promise à quiconque trouverait le remède propre à détruire cet insecte.

Dans cette famille nous n'avons pas d'autres insectes nuisibles, aussi maintenant nous allons parler de l'ennemi de ces insectes qui est le Pouillot.

II. *Le Pouillot.* — Cet oiseau n'a pas plus de 13 centimètres de long et 20 d'envergure, il a le dos vert olive, le ventre blanc, la poitrine nuancée de gris jaunâtre, les ailes frangées de verdâtre et de jaune clair.

On rencontre ce joli petit oiseau partout où il y a des arbres, à l'exception des forêts, qu'il n'aime pas.

Le Pouillot est un oiseau qui ne reste dans nos pays que du printemps à l'automne. En été on peut le voir souvent perché sur les arbres, mais en automne il recherche les buissons et les fourrés. C'est que, avant de quitter le pays, il veut fureter un peu partout où les insectes pourraient trouver un refuge. Il comprend que c'est le moment où la chasse sera la plus productive, car, l'hiver approchant, beaucoup d'insectes vont se réfugier dans les buissons, les fourrés, les roseaux pour y déposer leurs œufs, et notre oiseau les y a précédés. Il les attend patiemment, et à mesure qu'ils arrivent il les loge dans un endroit d'où ils ne sortiront plus.

Sa gaieté, son caractère joyeux, de même que son chant, ont charmé tous les amateurs d'oiseaux. Il est constamment en mouvement, voletant, sautillant de branche en branche; on dirait qu'il est mu par un ressort, tellement ses mouvements sont lestes et gracieux. Voit-il un oiseau, il va le provoquer : mais s'il voit ce camarade en colère, il s'envole vite, et va recommencer plus loin ces mêmes tours. La présence de l'homme ne l'effraye pas; on dirait, au contraire, qu'il cherche à se rapprocher de lui. En verra-t-il un s'avancer du côté de l'arbre sur lequel il est perché, qu'il se mettra à chanter comme pour l'encourager à se diriger de ce côté. Si on l'effraye, alors il s'envole sur l'arbre le plus voisin. Son vol est ondulé, à courbes plus ou moins régulières.

Son chant est peu varié; il a quelque chose de mélancolique, mais nullement désagréable. Ses notes sont si douces et si flûtées, leur ton varie si harmonieusement, qu'elles ravissent d'admiration et de charme. A l'époque de l'accouplement le mâle fait entendre quelques notes; il vole d'un arbre à l'autre, suivant toujours la femelle qui se tient non loin de là, et lançant par intervalle une sorte de chant, plus court et plus faible que celui du mâle. Perché à l'extrémité d'une branche, celui-ci entonne sa chanson, « il gonfle sa gorge, hérisse ses plumes, laisse » pendre ses ailes, et met une ardeur incroyable » à répéter, presque sans relâche, sa phrase » musicale. » Il commence à se faire entendre dès l'aurore, pour ne cesser qu'au coucher du soleil, et cela depuis son arrivée jusqu'à la fin de juillet.

Le Pouillot bâtit généralement son nid sur le sol, ou bien près du sol, dans quelque excavation où il est bien difficile de le découvrir. La femelle seule travaille le matin à la confection de son nid. Elle prend beaucoup de précautions pour ne point trahir l'endroit où elle le bâtit. Ce nid est une demi-sphère formée de mousse, de feuilles sèches, de chaume, de brins d'herbes : l'intérieur est garni de plumes de poules, de perdrix, de pigeons, de corneilles ; cependant, lorsqu'il niche près des habitations, il préfère les plumes de poules, de dindons, de canards, de pintades ; dans les forêts, il le garnit avec des plumes de perdrix, de corneilles, etc.

« La première ponte a lieu au commencement
» de mai. Les œufs, au nombre de cinq ou sept,
» sont allongés, lisses, d'un blanc de lait, semés
» de points rouges, plus ou moins serrés. Le
» mâle les couve pendant le milieu du jour ; la
» femelle pendant tout le reste du temps, et
» elle le fait avec une telle ardeur, qu'elle se laisse
» souvent presque écraser plutôt que de s'envo-
» ler. Tant que les petits ne sont pas éclos, elle
» s'enfuit en volant à ras du sol ; mais si le nid
» renferme des jeunes, les parents ont recours à
» la ruse, ils simulent une blessure, une para-
» lysie ; ils témoignent la plus vive angoisse.
» Les jeunes prennent leur essor à la fin de
» mai, et au milieu de juin ; quelques jours

» après les parents nichent une seconde
» fois. » (Brehm.)

Le Pouillot est un oiseau qu'on peut facilement apprivoiser et conserver pendant quelques
années, surtout quand on leur donne la liberté
dans un appartement assez vaste. Mais il en est
quelquefois qui ne peuvent pas se faire au
changement de nourriture et meurent peu de
jours après.

Dix-septième Leçon.

LES COPROPHAGES *(Mangeurs d'excréments)*
ET LES ÉTOURNEAUX.

I. *Les Coprophages.* — Nous n'avons vu jusqu'ici que des insectes nuisibles, véritables
fléaux des jardins, des forêts et de l'agriculture
en général. Abandonnons pour aujourd'hui ces
terribles destructeurs, pour nous occuper de
quelques-uns des insectes utiles les plus connus,
placés dans notre collection.

Je dois commencer par vous parler d'un
insecte, très rare dans notre pays, et que j'ai
trouvé par hasard dans mes dernières chasses
aux papillons; il occupe le numéro 635 de
notre collection : c'est le Scarabée Sacré des
Égyptiens, ou Ateuchus Sacré. Il est noir,
lisse, le chaperon découpé à six dents; les
jambes antérieures élargies, garnies de dents
très fortes, sont complètement privées de tarse.
(Vous savez que le tarse est la dernière partie
de la jambe chez les insectes; le tarse est

composé d'articles en nombre variable, et le dernier article est généralement terminé par deux petits crochets mobiles.) Les postérieures sont grêles, plus longues que les autres et terminées par des tarses comprimés. Il a de 25 à 30 millimètres. On ne le rencontre guère que dans les contrées méditerranéennes; aussi je ne puis guère m'expliquer ma riche rencontre. On a ainsi nommé cet insecte parce qu'il était vénéré des Égyptiens. On le voit dans leurs hiéroglyphes, leurs amulettes, leurs sculptures et jusque dans les palais des Pharaons. Ils ne manquaient pas d'en placer un dans le tombeau d'une personne pieuse; c'était en quelque sorte son dieu tutélaire.

Outre cet Ateuchus que nous ne connaissons que par hasard, nous avons chez nous, et dans notre collection, à la suite de celui dont nous avons parlé, nous avons, dis-je, l'Ateuchus semi-ponctué, qui a environ 20 à 25 millimètres. Il a le corselet et les élytres couverts de gros points; il est très rare. Le plus commun est l'Ateuchus à cou large de 18 à 25 millimètres, d'un noir brillant. Il a les élytres marqués par sept sillons enfoncés et le corselet parsemé de gros points.

Ces insectes sont doués d'un instinct des plus curieux. Ils s'enfoncent dans les bouses de bœufs ou de vaches. et y forment de grosses boules qu'ils roulent en les poussant à reculons avec les pattes de derrière, cherchant autant que possible à éviter les obstacles. Cependant

il arrive souvent que la boule est arrêtée par
un objet quelconque, une pierre par exemple;
l'insecte sait très bien contourner la pierre et
remettre la boule dans le vrai chemin. Tombe-
t-elle dans un trou? L'Ateuchus, avec son large
chaperon, l'a bientôt sortie. Si le trou est trop
profond et que l'insecte ne se sente pas assez
robuste pour remonter sa boule, on le voit
prendre son vol et revenir un instant après,
amenant un ou deux aides. L'obstacle surmonté,
il reprend son travail. Lorsqu'il est arrivé dans
un endroit propice, il s'arrête, creuse un trou,
y fait rouler sa boule, puis la recouvre avec
soin.

Mais, me direz-vous, pourquoi cet insecte
a-t-il pris tant de peine et de soin pour cette
boule? C'est que cette boule renferme toute
une famille. L'intérieur, en effet, est rempli
d'œufs que la femelle y a déposés. Les larves
qui en sortent sont de gros vers presque semblables à la larve du hanneton; mais au lieu de
se nourrir de végétaux, ainsi que ces dernières,
elles vivent aux dépens de la matière dont la
boule est faite. Lorsqu'elles ont atteint leur
développement. elles se construisent au fond
du trou où elles ont vécu, une coque de terre,
et s'y transforment en nymphes.

Les Gymnopleures sont plus petits que les
Ateuchus. Ils ont des habitudes analogues.
Vous connaissez tous le Gymnopleure pilulaire.
Il a de 12 à 15 millimètres, il est d'un noir
mat. Ces insectes vivent en troupes et couvrent

parfois les déjections des chevaux et des bœufs.
Ils s'aident mutuellement pour rouler leur
boule ; aussi il n'est pas rare d'en voir deux ou
trois pousser leur fardeau jusqu'à l'endroit
voulu. Le propriétaire de la boule termine seul
la besogne et les autres prennent leur vol chacun
de son côté.

Un troisième genre, celui des Sisyphes, est
reconnaissable à ses élytres fortement rétrécis
en arrière et à ses pattes postérieures minces,
très grêles et arquées, qui lui servent à traîner
ses boules. Ce sont des insectes très communs
dans nos contrées. On les rencontre souvent
traînant des crottes de chèvres ou de brebis,
dont la forme presque ronde leur économise
beaucoup de travail. Ici le mâle accompagne
presque toujours la femelle, non pas pour
l'aider, mais pour surveiller son travail. Cependant lorsqu'il la voit fatiguée ou embarrassée,
il lui vient en aide, mais pas pour longtemps.
Si la nuit vient les surprendre au milieu de
leur travail, ne croyez pas qu'ils abandonnent
leur boule ; ils resteront là toute la nuit, accrou-
pis tout autour, et ne reprendront leur besogne
que lorsque les rayons du soleil leur auront
rendu la vigueur que leur avait fait perdre
la fraîcheur de la nuit.

Il y a en outre les Copris ; ces insectes ont le
corps très épais, mais non rétréci en arrière ;
leur chaperon est échancré en avant, mais sans
écusson. Leurs pattes courtes et robustes sont
très propres à fouir. Le mâle a des cornes sur

la tête. Ces scarabées ne construisent pas de boules, mais ils creusent des trous très profonds sous les matières stercorales dont ils se nourrissent et au fond ils y déposent leurs œufs, mêlés à ces matières, afin que les larves qui en sortent trouvent de suite de quoi se nourrir.

Pour en finir aujourd'hui avec ces insectes, il ne me reste qu'à vous parler des Géotrupes, qu'on appelle aussi Bousiers. Ils sont ornés de couleurs métalliques. et on les rencontre toujours dans les bouses de bœufs. sous lesquelles ils creusent des trous profonds, tout comme les précédents, pour y déposer leurs œufs.

En général leur tête et leur corselet sont dépourvus de cornes : une seule espèce, le Géotrupe Typhée, qui occupe le numéro 650 de notre collection, en est pourvue. Il a le corselet orné de trois cornes; les deux latérales sont longues et horizontales, et celle du milieu plus courte et un peu relevée. La femelle n'a pas de cornes. Le plus commun de ces insectes est le Géotrupe stercoraire, d'un noir brillant, passant au vert, au bleu, au violet. La femelle prend un soin particulier de ses œufs : elle pratique dans la terre, sous les bouses, un trou très profond, y façonne une loge dans laquelle elle dépose un œuf, puis elle la remplit de matières stercorales destinées à la nourriture de la larve, qui est un gros vers blanc.

Tous ces insectes ont un rôle important à jouer dans la nature. Ils sont pour ainsi dire chargés de faire disparaître une foule d'immondices qui, par leur accumulation, infecteraient l'air et pourraient occasionner des maladies mortelles. Grâce à eux, ces matières dégoûtantes sont divisées à l'infini et forment bientôt un terreau fécond.

Nous allons terminer la leçon par une étude sur les étourneaux.

II. *Les Étourneaux*. — Cette épaisse colonne d'oiseaux que vous observiez tout à l'heure dans le pré voisin, est une colonne d'étourneaux. Ce sont des oiseaux voyageurs, amis des troupeaux. Ils suivent les moutons, les chèvres et les bœufs au pâturage, leur montent sur le dos et rôdent sans cesse autour d'eux. Ils aiment également à marcher dans les sillons creusés par la charrue pour manger les vermisseaux, les larves de hanneton surtout. Les étourneaux sont les ennemis redoutables des grillons et des sauterelles dont ils font des déconfitures immenses. Les services que ces oiseaux rendent à l'agriculture, comme destructeurs de vermines, sont immenses.

Ainsi que vous l'avez vu naguère, ces oiseaux ne voyagent que par troupes. En Afrique surtout, en en voit des colonnes de plusieurs kilomètres. Et si les montagnes et les collines de l'Algérie sont encore couvertes d'oliviers, malgré les incendies périodiques qu'allume la main de l'Arabe, c'est aux étourneaux que nous le devons; car ces myriades d'oiseaux recherchent avec avidité le fruit de l'olivier et il arrive souvent qu'ils les laissent tomber de leur bec sans être mutilés; les fruits alors germent et deviennent de beaux oliviers.

Mais l'étourneau a aussi son défaut. Quelquefois il se dégoûte d'insectes et il choisit alors le raisin pour nourriture. Voilà pourquoi il arrive souvent d'en rencontrer étranglés par un grain qu'ils n'ont pu avaler. Mais ces dégâts ne sont que passagers. Aussi ces oiseaux doivent-ils être classés parmi les bienfaiteurs de l'agriculture et par conséquent considérés comme des amis de l'homme.

Dix-huitième Leçon.

LES MALACODERMES ET LE ROSSIGNOL.

I. *Les Malacodermes*. — Ce mot dérive de deux mots grecs : MALAKOS, qui veut dire *mou*, et DERMA, *peau*.

Les insectes de cette famille sont loin d'être recouverts de cette cuirasse dure dont sont revêtues les familles que nous avons étudiées jusqu'ici. Les Malacodermes n'ont en effet que des téguments mous, des élytres faibles et flexibles. Cependant, quoique mal armés, ces insectes sont très voraces. Les uns sont utiles, les autres nuisibles; mais ne nous occupons que de ces derniers, et laissons pour une autre fois les tribus de cette famille renfermant les insectes utiles.

Nous trouvons d'abord, dans la tribu des Clérides, un insecte aux couleurs très vives.

qui cause de grands dégâts aux ruches, c'est le
Clairon des abeilles. Cet insecte n'a pas plus de
15 millimètres de long; il est d'un bleu assez
brillant, finement ponctué; ses élytres sont
traversés par deux bandes rouges. La femelle
pénètre dans les ruches et y dépose ses œufs.
« La larve du Clairon éclose, dévore celle de
» l'abeille qui est dans la loge la plus voisine,
» puis elle passe dans la loge voisine et se fait
» ainsi un passage d'une loge à une autre,
» toujours en dévorant la larve qui y est recluse.
» Un an après la ponte, elle a acquis toute sa
» grosseur; alors elle se métamorphose en in-
» secte parfait dans la dernière loge dont elle
» s'est emparée. Sous sa nouvelle forme, l'insecte
» s'empresse de sortir de sa prison, pour s'en-
» voler sur les fleurs, où il passe son existence. »

Le Clairon des ruches a les mêmes mœurs et
les mêmes habitudes que le précédent; mais il
en diffère en ce qu'il a, à la suture, une tache
autour de l'écusson, et en ce que les bandes sont
d'un noir bleu, au lieu d'être de couleur rouge.

Dans la tribu des Ptinides, nous trouvons
les Ptines proprement dits. Ce sont de petits
insectes qui n'ont pas plus de 3 à 4 millimètres,
mais qui font de grands dégâts dans les herbiers
et les collections d'insectes. C'est dans l'intérieur de ces substances que ces insectes subissent
leur transformation. Les larves sont de petits
vers mous, à six pattes terminées par un seul
crochet. On donne à ces derniers insectes le
nom de Ptine voleur. Il y a encore le Ptine

impérial, qui doit son nom à la tache grise qu'il a sur chaque élytre et qui imite à peu près un aigle dont les ailes sont étendues.

Les petits insectes que vous connaissez sous le nom vulgaire d'*insectes de la mort*, appartiennent à la tribu des Anobiides. Vous en avez vu souvent sortir du vieux bois ou des vieux meubles, qu'ils criblent de petits trous ronds, et qu'on dirait être percés à la vrille. Aussi on leur a donné pendant longtemps le nom de Vrillettes. La larve de ces petits insectes se développe au fond de ces trous qu'a creusés l'ancêtre. C'est un petit ver armé de fortes mâchoires qui lui servent à arracher le bois dont il se nourrit, et qu'il rend ensuite par petits grains, qui forment cette poussière fine de bois vermoulu.

Comme ces insectes n'ont aucun moyen de défense, au moindre danger ils se laissent tomber sans mouvement, de sorte que les oiseaux ou les animaux qui voudraient en faire leur proie, ne voyant qu'une espèce de boule sèche, ou plutôt une brindille de bois, passent sans y toucher. Ils sont si craintifs que rien ne peut leur faire perdre cette position. C'est cette opiniâtreté, de vouloir simuler la mort, qui leur a valu le nom d'Anobie opiniâtre; mais dès que le danger a passé, ils étendent leurs membres et s'échappent.

Ce que ces insectes ont de plus singulier, c'est la manière toute particulière qu'ils ont pour s'appeler. Ne vous est-il jamais arrivé d'entendre dans une cloison ou dans un vieux bois de petits coups secs, frappés à intervalles réguliers, et en tout semblables au mouvement d'une montre? Ce sont les anobies qui s'appellent pour l'accouplement. Ces coups qui imitent si bien le mouvement de l'horloge, étaient regardés par les personnes superstitieuses comme un signal de mort; voilà pourquoi on a donné à ces insectes le nom d'*horloges de la mort*.

Ces insectes subissent leur métamorphose dans les galeries qu'ils se sont creusées.

Les Liméxylons sont des insectes qui vivent dans le bois; on les trouve surtout dans les forêts de chênes. Il arrive assez souvent que les arbres destinés à la construction des navires, sont complètements minés par ces insectes. Les larves s'y développent, s'y transforment et s'y reproduisent absolument comme dans les arbres vivants.

Le Rossignol est de tous les oiseaux celui qui fait le mieux la chasse à ces petits insectes. Voyons sa vie et ses mœurs.

II. *Le Rossignol.* — Le Rossignol est trop bien connu de vous tous pour que je fasse la description de sa robe.

Ces oiseaux se plaisent beaucoup dans les bois, mais on les rencontre souvent dans les campagnes et les jardins, où ils viennent nicher. Ils y font élection de domicile, sans s'inquiéter de la présence de l'homme; ils sont assez confiants à son égard. Ils aiment à se rapprocher des autres oiseaux et vivent en parfaite intelligence avec eux ; rarement on les voit se battre.

Le chant du rossignol ne ressemble en rien au chant des autres oiseaux. Les notes pleines et harmonieuses qu'il fait entendre ont une grâce indescriptible. Il commence par lancer des notes qui s'entendent à peine ; puis, peu à peu, ces notes deviennent de plus en plus fortes, et vont ensuite en s'éteignant insensiblement. Voici à propos du chant du rossignol une légende que j'emprunte tout entière à un naïf écrivain :

« On raconte qu'un prieur de monastère étant
» un jour sorti pour visiter les biens du couvent
» et voulant se reposer, s'assit à l'ombre d'un
» grand arbre, sur un frais gazon tout parfumé
» de l'odeur du thym sauvage ; un rossignol
» chantait, perché dans les branches de l'arbre.
» Ce chant sympathique plongea le bon reli-
» gieux dans l'extase. Combien de temps dura
» son ravissement? C'est ce que va nous dire
» l'auteur de cette légende. A la fin, il reprend
» le chemin du couvent ; sa main soulève, pour
» le laisser retomber, le marteau, dont le bruit
» appelle l'attention du frère portier. Celui-ci
» ouvre la porte, mais la referme soudain. En
» vain, le prieur décline-t-il son nom ; on lui
» répond que ce nom est inconnu dans le monas-
» tère. On fait venir le chapellier, le sacristain,
» et bien d'autres dignitaires, tous méconnais-
» sent le pauvre prieur. Cependant ils lui offrent
» le pain de l'hospitalité et l'introduisent dans
» le couvent. On consulte les registres et l'on

» reconnaît que le religieux dont l'inconnu a
» pris le nom était prieur cent ans auparavant
» et qu'il avait subitement disparu, sans qu'on
» entendît plus jamais parler de lui. Or c'était
» précisément notre homme qui, dit la légende,
» s'était oublié pendant un siècle à écouter les
» accents du rossignol. »

Ces oiseaux se nourrissent de vers de terre,
de larves d'insectes, de chenilles, et en automne
ils se nourrissent de baies. Dès qu'ils voient la
charrue soulever la terre, ils accourent chercher
les larves mises à découvert. A mesure qu'ils
voient un insecte, ils relèvent brusquement la
queue, comme pour témoigner leur joie.

Les rossignols arrivent chez nous au mois
d'avril; quelquefois même avant, si la température n'est pas trop rigoureuse; c'est en général
à l'époque où l'aubépine commence à se couvrir
de feuilles. Les mâles viennent avant les femelles, comme pour choisir l'emplacement où ils
doivent passer la saison. Quelquefois on en voit,
de grand matin, se tenir à une grande hauteur,
puis tout à coup descendre, s'abattre sur un
buisson et s'y tenir cachés toute la journée. Ils
paraissent très bien reconnaître les lieux où ils
ont vécu l'année précédente, et les jeunes s'éta-
blissent dans le cantonnement où ils sont nés.

Aussitôt arrivés, les rossignols se mettent à
chanter et cherchent une compagne. Le mâle,
une fois accouplé, chante toute la nuit, tandis
que la femelle écoute avec ravissement. Le
reste du temps se passe à chercher la nourri-

ture, et, lorsque le moment est arrivé, ils vont travailler à la confection du berceau de leur famille.

Leur nid est grossièrement construit; c'est une couche de feuilles sèches, presque toujours de chêne, avec les parois faites de chaumes, de tiges, d'herbes sèches. L'intérieur est garni de fines racines, de crins de cheval et du duvet de certaines plantes. Ce nid est ordinairement placé dans un buisson, ou dans une touffe d'herbe.

Aussitôt que la femelle a pondu, le mâle change sa manière de vivre. Il ne chante plus ou rarement, et partage avec la femelle le travail de l'incubation. Il se perche sur une branche, à peu de distance du nid, comme pour surveiller la femelle. Un ennemi menace-t-il la couvée, les parents exposent leur vie pour la défendre.

Les rossignols nourrissent leur couvée avec des larves d'insectes. Les petits quittent leur nid peu de jours après, mais ils sont soignés néanmoins par les parents jusqu'à la première mue. Si on vient à les leur enlever, ils ne les abandonnent pas quand même, et ils continuent à les nourrir si on les met dans une cage exposée à leur vue. Le soin que les parents donnent à leur couvée, les occupe pendant une saison. C'est pourquoi les rossignols ne font qu'une couvée si on ne leur enlève la première.

Au mois de juillet les rossignols muent, puis la famille se disperse. Au commencement de l'automne, jeunes et vieux se réunissent pour émigrer dans des pays lointains.

Les rossignols ont à craindre beaucoup d'ennemis; aussi devrait-on leur créer des conditions où ils pourraient facilement s'établir. Si, sur le bord des jardins, on avait soin de planter des buissons, des framboisiers, ces oiseaux viendraient y bâtir leur nid. Les arbres fruitiers seraient ainsi préservés des nombreux insectes qui les rongent, et les peines que l'on se serait données pour aménager ces demeures seraient payées au centuple.

Nous avons terminé les leçons sur les insectes nuisibles. Je crois qu'elles n'ont pas été sans attrait pour vous tous. Les prochaines leçons seront consacrées à l'étude des insectes utiles, et je suis sûr que vous y prêterez la même attention.

Dix-neuvième Leçon.

LES HYDROCANTHARES, LES HYDROPHILES OU PALPICORNES ET LE MARTIN-PÊCHEUR.

Voici deux familles dont les sujets ne se ressemblent point, mais dont les mœurs ont beaucoup d'analogie. Toutes les deux, en effet, se composent d'insectes qui habitent les eaux et chassent continuellement, soit à l'état de larves, soit à l'état d'insectes.

La première de ces deux familles, les Hydrocanthares, se divise en deux tribus: les Dytiscides et les Girinides.

La tribu des Dytiscides se compose d'insectes aquatiques et carnassiers. Le plus grand insecte

de cette tribu est le Dytique, très large, long
de 40 à 42 millimètres. Sa couleur en dessus
est vert olive avec le tour du corselet et le bord
latéral des élytres jaune. Le mâle a les élytres
lisses, ceux de la femelle sont cannelés ou
sillonnés assez profondément. Ces insectes sont
répandus dans les eaux dormantes et dans les
ruisseaux. Leur structure les oblige à venir
de temps en temps à la surface des eaux pour
faire provision d'air. Mais, le soir arrivé, ils
montent à la surface des eaux, et, déployant
leurs larges ailes, ils prennent leur essor pour
aller dans les cours d'eau voisins continuer leur
chasse. On dit que rien n'égale la voracité de
ces insectes, et que quelquefois même ils attaquent de petits poissons. C'est à juste titre
qu'on les a nommés « les Requins du monde des
insectes ».

Les larves des Dytiques sont aquatiques;
tantôt elles nagent, pour se précipiter sur leur
proie, tantôt elles rampent au fond des eaux,
et s'élancent traîtreusement sur leur victime,
dans le corps de laquelle elles enfoncent leurs
mâchoires, semblables à des pinces, et la sucent
à la manière des vampires. Après avoir changé
trois fois de peau et acquis son complet développement, la larve s'enfonce dans la terre humide,
s'y creuse une cavité et se change en nymphe.
C'est sous cette forme qu'elle passera l'hiver.

La seconde tribu des Hydrocanthares est celle
des Gyrinides. Les Gyrins se rencontrent en
grand nombre dans les mares et autres pièces

d'eau. Ce sont des insectes qui sont remarquables par l'éclat de leurs couleurs. Ils sont
d'habiles nageurs et volent peut-être aussi bien
qu'ils nagent, mais ils ne savent pas marcher. On
les voit souvent, en été, décrivant de grands
cercles à la surface des eaux, se croisant, se
coupant les uns les autres à la manière des
patineurs. De là le nom de Tourniquet qu'on
leur donne souvent.

Le Gyrin nageur est le plus répandu. C'est
un insecte d'un noir bronzé brillant, avec les
élytres pointillés et marqués de stries longitu-
dinales.

La femelle pond ses œufs sur les feuilles des
plantes aquatiques. Ils en sort de petites larves
très voraces, qui échappent à leurs ennemis en
exécutant des sauts semblables à des sauts de
puce. Au mois d'août ces larves sortent de
l'eau, se cachent sous les feuilles, s'enferment
dans une coque et un mois après en sortent à
l'état d'insectes parfaits.

Les Hydrophiles ou Palpicornes se divisent
en trois tribus principales qui sont : les hydrophilides, les hélophorides et les sphæridides.

La tribu des hydrophilides renferme des
insectes aquatiques, aux couleurs presque toujours sombres.

A l'état d'insecte parfait, l'hydrophile se nourrit de plantes aquatiques ; sa conformation le
rend impropre à la chasse des autres insectes.
Il est loin d'avoir la force et le courage des
Hydrocanthares, mais en industrie il les sur-

passe de beaucoup, ainsi que vous allez en juger par l'hydrophile brun que l'on trouve dans les eaux douces. C'est un bel insecte qui a 40 à 45 millimètres de longueur et 21 à 23 de largeur; il est brun olive, avec des antennes d'un jaune roux. La partie postérieure de son thorax se prolonge en une forte épine, qui pourrait blesser si on le saisissait sans précaution.

« Dès le mois de mai, la femelle s'occupe du
» soin d'assurer le sort de sa postérité. Munie
» de glandes abdominales, propres à sécréter une
» sorte de soie, au moyen des filières qui gar-
» nissent l'extrémité de son abdomen, elle
» construit une coque pour y loger ses œufs, ce
» qui est unique parmi les Scarabées adultes.
» Elle amasse à cet effet une petite masse de
» conferves composées de filaments déliés, qui
» forment la base de son cocon. Placée horizon-
» talement sur le dos à la surface de l'eau et
» la partie antérieure en l'air, elle détache la
» petite masse qu'elle reçoit sur son ventre et
» sur ses quatre pattes de derrière, se servant
» des deux autres pour aplatir cette masse et la
» maintenir en place. Elle tapisse alors de soie
» blanche la face extérieure de cette masse qui
» prend la forme convexe de son abdomen;
» après quoi elle se retourne de manière à
» présenter en haut le dessus de son corps, et
» forme une autre couche, qu'elle recouvre
» également de soie. La paroi supérieure et la
» paroi inférieure se trouvant ainsi façonnées,
» il ne reste plus à l'insecte qu'à les assembler

» par les côtés, ce qu'il fait aussitôt. C'est alors
» que son cocon ressemble à une sorte de sac.
» La femelle y reste enfoncée en partie, et
» s'occupe à y placer ses œufs. Elle les dépose
» verticalement l'un contre l'autre, au nombre
» de cinquante à soixante environ, la pointe
» dirigée en l'air; puis elle file circulairement
» de manière à continuer le sac, qu'elle rétrécit
» peu à peu : elle ferme ensuite l'ouverture et
» la surmonte d'une espèce de mât, petit corps
» aplati comparable à une virgule renversée,
» et qui paraît avoir pour but de lui permettre
» de s'accrocher aux corps flottants, dans le cas
» où le vent et l'agitation des eaux le pousserait
» vers le rivage. » Au bout de 12 à 15 jours la
larve sort de l'œuf et se laisse tomber dans l'eau.
C'est là qu'elle vit pendant environ deux mois,
se nourrissant tantôt de végétaux, tantôt de
larves aquatiques qu'elle chasse presque continuellement. Lorsqu'elle a atteint son complet
développement, elle sort de l'eau et se creuse,
dans la terre humide, une sorte de terrier de
4 ou 5 centimètres de profondeur qui se termine
par une petite cavité, où elle va se transformer
en nymphe. Elle reste dans ce dernier état
pendant un mois environ, au bout duquel sa
peau se fend sur le dos, et, après bien des
efforts, l'insecte parfait se fait un passage. Mais
comme son corps a besoin de durcir, il reste
quelques jours exposé à l'air, puis il gagne les
eaux.

Il y a encore dans cette tribu les Hydroüs;

ce sont des insectes beaucoup plus petits que les précédents, ayant à peu près les mêmes mœurs, mais dont la reproduction varie quelque peu. La femelle porte ses œufs réunis en une masse et enveloppés d'une matière soyeuse suspendue sous son ventre, jusqu'à ce qu'elle trouve un endroit favorable pour les déposer. C'est sur la tige d'une plante aquatique, en général, qu'elle dépose son précieux fardeau. Elle a soin d'enduire cette tige d'une matière agglutinante, afin que les œufs puissent y rester collés; lorsque les larves en sortent, elles se laissent tomber sous l'eau, où elles resteront jusqu'à leur transformation.

Les deux autres tribus n'offrent rien de bien intéressant; aussi je ne vous en parle pas. Nous terminons la leçon en disant quelques mots sur le Martin-Pêcheur, qui ajoute à sa nourriture ces insectes aquatiques.

Le Martin-Pêcheur. — Quiconque a été au bord de l'eau ne s'en est pas retourné sans avoir vu ce gentil oiseau. Le Martin-Pêcheur se trouve partout, quoiqu'il ne soit pas commun. La beauté de son plumage l'a placé au nombre des plus jolis oiseaux de France. « Il a pour coiffure une » calotte bleu sombre, marquetée d'écailles bleu » clair et terminée par un épais chignon d'où » part, pour aboutir à l'extrémité de la queue, » cette fameuse zone longitudinale, aigue-» marine dont l'éclat métallique motive suffi-» samment la célébrité de l'oiseau. » Il a en outre la moustache verte, la gorge blanche, le dessous du corps et le haut du poitrail d'un roux jaune vif.

Le Martin-Pêcheur niche dans les terriers et les longues cavités des arbres situés au bord de l'eau. Il nourrit ses petits d'insectes à corps mou qu'il pêche au fond des eaux, puis lorsque les petits sont un peu plus gros, il leur porte de petits poissons.

Cet oiseau habite tous les cours d'eau, grands et petits, les étangs, les marais, les tourbières, pourvu qu'il y ait des arbres. Ses demeures de prédilection sont les basses branches qui rasent presque la surface des eaux. C'est là qu'il se met à l'affût. Dès qu'il aperçoit sa proie, il se précipite avec la rapidité de la foudre, la saisit avec son bec et vient la manger sur le rivage. S'il manque son coup, on le voit remonter à son observatoire pour essayer de réparer sa maladresse : « Il est beau de persévérance, de calme » et de philosophie. » C'est le plus inoffensif des oiseaux ; aussi ce serait un crime de le détruire, d'autant plus que sa chair n'est pas bonne à manger.

Vingtième Leçon.

DIVERS INSECTES UTILES ET LA FAUVETTE CENDRÉE.

I. *Divers insectes utiles.* — C'est aujourd'hui que nous terminons l'étude des Coléoptères. Cette leçon sera donc consacrée à étudier les insectes utiles, appartenant, la plupart, à des familles d'insectes nuisibles.

Commençons d'abord par les Silphides ou

Nécrophages, appartenant à la famille des Clavicornes, dont nous avons étudié quelques-uns des insectes nuisibles.

Les Nécrophores, appelés souvent croque-morts, purgent l'air des cadavres en décomposition. Doués d'un odorat des plus subtils, ils volent rapidement vers le lieu où se trouve le cadavre d'un rat, d'une taupe, d'un crapaud, etc. Dès qu'ils sont arrivés à cette heureuse découverte, ils se mettent en devoir d'enterrer ce cadavre pour y déposer leurs œufs, afin que les larves puissent y trouver une abondante nourriture et s'y développer à l'aise.

Lorsque le moment de leur métamorphose approche, les larves s'entourent d'une loge qu'elles façonnent avec de la terre agglutinée, et un mois après l'insecte parfait en sort.

Les Nécrophores sont des insectes qui ont le corps épais, les pattes robustes avec les cuisses postérieures renflées.

Le Nécrophore fossoyeur a de 16 à 22 millimètres. Il a le corps noir et garni de poils jaunâtres sur les côtés; la massue des antennes rougeâtre et les élytres traversés par deux bandes orangées.

Il y a encore le Nécrophore germanique, le Nécrophore inhumeur, le Nécrophore chercheur et le Nécrophore des morts. Tous ces insectes ont les mêmes mœurs.

Les Silphes, connus aussi sous le nom de Boucliers, doivent ce nom à leur corps large et aplati et qui a la forme d'un bouclier.

Ce sont des insectes qui vivent également sur

les cadavres, mais qui n'ont pas l'instinct de les enterrer comme le font les Nécrophores. Lorsqu'on les saisit, ils laissent échapper, par la bouche et par l'anus, un liquide noir et fétide, qui hâte la décomposition du cadavre. Ils ont des couleurs sombres et n'ont rien qui les favorise. Leurs larves vivent également sur les cadavres, et lorsqu'elles veulent se transformer en nymphes, elles s'enfoncent dans la terre.

Les Histers appartiennent également à la famille des Clavicornes. Mais de même que les précédents, ces insectes vivent sur les cadavres.

Passons maintenant à la famille des Brachélytres où nous trouverons la tribu des Staphylinides.

Les Staphylins sont des insectes carnassiers et chasseurs. Les uns vivent sur les cadavres en décomposition, les fumiers, les excréments; les autres chassent les insectes nuisibles. Ils sont tous très agiles et volent assez bien, quoique les élytres ne recouvrent qu'une partie de l'abdomen; leurs ailes membraneuses sont d'une ampleur suffisante; elles sont repliées deux fois sur elles-mêmes.

Les mœurs de la larve du Staphylin sont à peu près les mêmes qu'à l'état d'insecte parfait. Mais elle est plus vorace, en ce sens qu'elle se gorge souvent au point de ne pouvoir faire aucun mouvement. Lorsqu'elle veut se transformer en nymphe, elle s'enfonce dans la terre, s'y construit une cellule, et au bout d'une quinzaine de jours l'insecte parfait en sortira.

Cette métamorphose a lieu en général au mois de mai ou de juin.

Dans la famille des Mélasomes, nous remarquerons les Blaps. Ce sont des insectes d'assez forte taille, mais de couleur sombre. On les trouve dans les caves, les grottes; ils ne sortent de leur refuge que la nuit. Quand on les touche, ils laissent échapper un liquide huileux, d'une odeur fétide qui persiste assez longtemps.

La rencontre d'un de ces insectes était, autrefois, considérée comme un funeste présage; aussi on a donné au plus commun de ces insectes le nom funèbre de Blap mortuaire. C'est un Scarabée noir, long de 20 millimètres environ et qu'on rencontre dans les lieux humides et sur les matières en décomposition. Sa larve est d'un blanc jaunâtre et allongée. Il paraît que les Égyptiennes les recherchent pour les manger. D'après ces femmes, les larves de ces insectes ont le don d'engraisser, et comme l'embonpoint, dans ce pays, est considéré comme une suprême beauté, les jeunes femmes achètent ces larves très cher.

Les Cantharides appartiennent à la famille des Trachélides d'après les uns, et d'après les autres aux Ténébrionides.

Ces insectes sont plutôt nuisibles qu'utiles, mais ils rendent tellement service qu'on a cru devoir les classer au nombre des bienfaiteurs de l'humanité. Il n'en est pas moins vrai que lorsque ces insectes s'adonnent dans une pépinière, ils n'y laissent pas une feuille. Ils préfèrent généralement les jeunes arbres aux vieux, et leur présence se décèle par une forte odeur qui n'a rien d'agréable. La feuille de frêne est la préférée, et ils ne s'attaquent aux autres arbres que lorsqu'ils y sont forcés par la famine.

Dans la même famille nous avons les Méloës : ce sont des insectes d'une transformation assez singulière. On les trouve en abondance au printemps dans les prairies et les luzernières. Ils sont noirs, lourds, pesants, mollasses; se traînent péniblement. Leurs élytres recouvrent à peine le tiers de l'abdomen, qui est d'une grosseur énorme. Si on les saisit, ils laissent échapper un liquide jaune et fétide qui brûle. Si un de ces insectes se trouve dans la nourriture d'un animal, ce liquide agit sur l'estomac comme un poison et le fait enfler au point qu'on est quelquefois obligé de le faire abattre.

La femelle est beaucoup plus grosse que le mâle, surtout lorsqu'elle veut pondre. Elle se débarrasse de ses œufs en les déposant sous la terre, à une faible profondeur. Peu de jours après, il en sort de petites larves qui cherchent à s'accrocher aux Hyménoptères qui viennent se poser sur les fleurs. Ceux-ci, sans s'en douter, emportent le parasite dans leur nid, puis lorsqu'ils ont déposé leurs œufs sur la pâtée qu'ils viennent de préparer pour leur progéniture, la larve du Méloë se glisse sur les œufs et les dévore. Dès qu'elle a consommé sa proie, une première métamorphose s'opère, et sous cette nouvelle forme, elle se nourrit de la pâtée

déposée par la mère des Hyménoptères. Puis
peu de temps après elle se transforme en chrysalide et reste ainsi quelque temps inactive.
Au bout de quelques jours, elle sort sous une
troisième forme, qui, après avoir pris tout son
développement, se métamorphose de nouveau
en une véritable nymphe d'où sortira l'insecte
parfait.

On prétend que les Cantharides subissent les
mêmes métamorphoses que les Méloës (1).

Enfin, pour terminer nos insectes utiles, il
nous reste à voir les Coccinelles.

Ces insectes appartiennent à la famille des
Chrysomélides. Vous connaissez tous cet insecte
que vous voyez en grand nombre pendant l'été
dans vos jardins, et que l'on désigne sous le
nom de Bête à bon Dieu. Ces pauvres petits
insectes passent leur existence à chasser les
pucerons, qui font de grands dégâts dans vos
jardins. La femelle des Coccinelles dépose ses
œufs au milieu des pucerons. Les larves se
nourrissent exclusivement de ces insectes. Elles
sont d'une extrême voracité et le nombre de
pucerons qu'elles détruisent est incalculable.
Lorsque la larve veut se transformer en nymphe,
elle se suspend à une feuille au moyen du
mamelon qui termine son abdomen. Le corps
se gonfle, se raccourcit, sa peau se fend le long
du dos et la nymphe paraît. Peu de jours

(1) C'est peut-être à tort que j'ai placé cet insecte au nombre des
insectes utiles, mais comme il a les mêmes mœurs que les Cantharides, je n'ai pas cru devoir les séparer.

après l'insecte parfait sort de sa prison et va de suite commencer sa chasse.

Toutes les Coccinelles sont hémisphériques et leur robe est marquée de points ou de traits. Leurs mœurs sont les mêmes.

Les insectes qui ont fait le sujet de cette leçon, n'ont pas d'ennemis particuliers; mais la Fauvette cendrée est l'oiseau qui en fait le plus. périr, sans cependant montrer plus de préférence pour ceux-là que pour les autres, c'est-à-dire les insectes nuisibles. Nous allons dire un mot sur la vie et les mœurs de cet oiseau.

II. *La Fauvette cendrée*. — Le nom seul doit suffire pour vous faire connaître la robe de cet oiseau; aussi je crois inutile de vous en faire une plus longue description.

La Fauvette cendrée se plaît beaucoup dans les buissons épineux qui bordent les champs. C'est là qu'elle bâtit son nid, à un mètre du sol au plus. Ce nid est des plus simples : il consiste en chaume mêlé à un peu de laine, et l'intérieur est tapissé avec le duvet de certaines herbes.

La femelle pond, vers la dernière quinzaine d'avril, quatre à six œufs, qui sont couvés alternativement de treize à quinze jours par le mâle et la femelle. Les petits sont nourris avec des insectes ou des larves et les parents ont pour eux la plus vive tendresse. Si un ennemi vient à les menacer, ils exposent leur vie pour les défendre.

La Fauvette cendrée ne charme pas par son

chant. Cependant elle chante presque continuellement, lorsqu'elle est perchée, lorsqu'elle
s'envole, de même que lorsqu'elle s'élève à une
vingtaine de mètres pour se laisser tomber
verticalement. Ce sont ces évolutions qui la
font reconnaître de loin. Quand elle ne chante
pas, elle sautille de branche en branche, disparaît dans le fourré du buisson, en sort pour se
percher de nouveau, regarde autour d'elle et
disparaît encore. Telle est la vie de la Fauvette
cendrée, qui mérite sous tous les rapports d'être
placée sous notre protection.

FIN DE LA PREMIÈRE PARTIE.

TABLE DES MATIÈRES

Bordeaux. — Imp. G. Gounouilhou, rue Guiraude, 11.